수동소자 중심의

기초전자실험

이수일 저

도서출판 상 학 당

머 리 말

기초전자실험은 전자공학 및 관련 분야를 전공하는 학생들에게 가장 기초가 되는 필수과목으로 실험내용은 회로이론에서 배운 수동소자들의 특성과 그들로 구성된 수동회로들을 엄선하여 수록하였다.

이 책은 실험을 통하여 입문하는 학생들이 전기・전자에 대한 막연한 지식을 습득하는 것이 아니라, 흥미와 관심을 갖고 접할 수 있도록 하여 기초지식을 쌓는데 도움이 되도록 다음과 같은 점을 유의하여 집필하였다.

(1) 실험의 목적은 이미 터득한 이론지식을 이해하고 확인하는데 있으므로 각 장마다 관련이론을 체계적으로 상세히 설명한 후, 이 내용 중에서 엄선된 실험과제를 선택하였다.
(2) 실험에 사용된 계측기 중 회로시험기와 오실로스코프는 아날로그와 디지털로 분류하여 사용법을 상세히 설명하여 실험에 적용하거나 실무에 이용하는데 불편함이 없도록 하였다.
(3) 실험 전에 예비과제를 넣어 이론적 사전지식을 숙지함으로써 실험에 도움이 되도록 하였다.
(4) 대학에서 교재로 사용할 경우 주당 4시간씩 1학기에 강의할 수 있도록 구성하였으나, 각 장의 필요한 부분만을 취사선택해서 주당 시간을 줄여서 실험할 수 있도록 배려하였다.

끝으로 이 책을 집필하는 데 많은 참고자료가 되었던 여러 저서의 저자분들과 출판하기 위해 애써주신 도서출판 상학당의 사장님과 임직원 여러분들께 감사를 드리고, 독자 여러분의 아낌없는 조언을 부탁드린다.

저 자 씀

차 례

제 1 장 실험의 기초지식

제 2 장 저항기

제 3 장 직류전원공급기 및 회로시험기

제4장 옴과 키르히호프의 법칙 및 전원

제5장 직류 저항회로

제6장 회로망 정리

제7장 콘덴서 및 코일

제8장 저주파발진기 및 오실로스코프

제 9 장 정현파 기본회로

제 10 장 공진과 필터 및 미분과 적분회로

제1장

실험의 기초지식

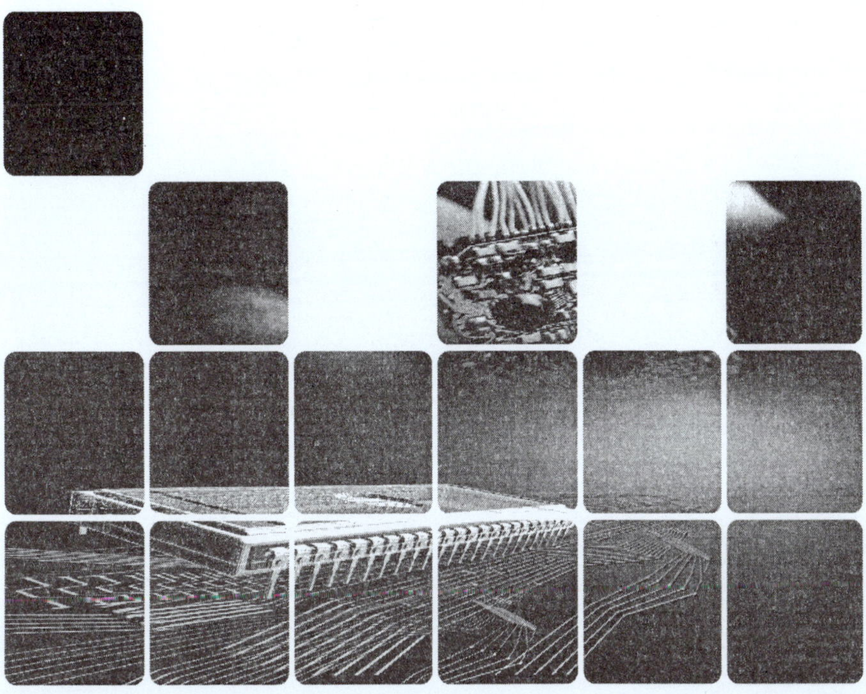

1-1 | 실험에서 유의사항

실험(experiment)이란 이론을 통해서 습득한 지식이나 정리 등을 실제로 확인하는 것이며, 실험의 목적은 실험을 기본으로 하여 실험조원의 협동심을 유발시키고 탐구적인 태도를 배양시키는 데 있다.

또한, 실험기기 및 부품을 직접 취급하면서 이들의 작동원리, 구조, 취급방법 및 측정회로의 구성방법을 배운다. 그리고 실험결과를 정리하여 실험보고서를 작성함으로써 기술보고서 및 논문 등의 정리 및 작성법을 배우는 데 있다.

따라서, 실험의 목정을 달성하기 위해서 다음의 유의사항을 항시 기억하고 있어야 한다.

(1) 예 습

실험하고자 하는 실험의 목적, 기본이론 및 방법 등을 충분히 이해하고 실험에 들어가면 곧바로 실행할 수 있도록 이론값은 미리 계산하고 예비보고서를 작성하여야 한다.

(2) 협동정신

실험은 몇 명이 모여 1개의 조를 형성하여 실시하므로 서로 협력하여 실험을 원만히 진행할 수 있도록 해야 한다. 특히, 실험중에 개인적인 행동이나 방관하는 자세는 절대로 삼간다.

(3) 기기 취급의 주의

실험기기는 신중하고 조심스럽게 취급하고 무리한 힘이나 사용범위 밖에서는 사용하지 않도록 해야 한다. 즉, 실험기기의 동작원리 사용설명서 등을 사전에 충분히 숙지하여야 한다. 사용중에 기기의 파손이나 오동작이 발생했을 때는 담당교수에게 알리어 적절한 조치를 취해야 한다.

(4) 기기 및 부품의 과신은 금물

실험기기나 실험용 부품은 절대로 과신하지 말아야 한다. 실험하기 전에 기자재 및 부품의 이상 유무를 잘 파악하고 실험의 결과를 미리 예측하는 습관을 갖도록 한다.

(5) 실험에 관한 기록

실험에 관한 자료, 즉 이론, 목적, 방법 및 결과를 상세히 기록해 둔다. 이것은 실험이 끝난 다음 실험결과를 정리, 분석, 검토할 때에 매우 중요한 자료가 되기 때문이다.

(6) 실험결과에 대한 선입관은 금물

실험결과에 대한 선입관은 절대 금물이다. 왜냐하면 이론값과 실험값이 일치하기가 어려우며, 동일한 실험을 반복하더라도 동일한 결과가 나오는 것이 아니기 때문이다. 따라서 이전의 실험결과는 단지 비교의 자료로만 사용해야 한다.

(7) 안전수칙

실험실의 전원장치 및 주요기기 등의 위치와 해야 할 일을 잘 파악하고 실험을 하여야 한다. 220V의 상용전압으로도 인체에 치명적인 상해를 입는 경우가 있으므로 제반 안전수칙을 철저히 지켜야 한다. 사고는 방심과 자만에서 당하는 경우가 많으므로 안전사항을 잘 지키는 습관을 기르고, 실험의 계획과 운영을 행하는 데 있어서 안전을 우선적으로 고려해야 한다.

(8) 보고서의 작성

공학도에 있어서 자기가 행한 실험 및 연구 결과를 다른 사람이 잘 알아 볼 수 있도록 체계적으로 보고서를 작성하는 일은 실험의 과정 못지않게 매우 중요하다고 할 수 있다.

보고서 양식은 실험내용이나 목적 등에 따라 다소 차이가 있을 수 있으나 대개 다음의 순서대로 작성한다.

① 실험제목
② 실험목적
③ 관련이론
④ 회로도 및 결선도
⑤ 실험장치 및 부품
⑥ 실험방법 및 순서

⑦ 실험결과

⑧ 검토 및 결론

1-2 | 오차와 측정값의 처리

(1) 오차 및 보정

측정값과 참값의 차이를 오차(error) 또는 절대오차(absolute error)라고 한다. 즉 오차와 백분율오차(percentage error)는 다음과 같이 정의한다.

$$\text{오차} = \text{측정값} - \text{참값}$$

$$\text{백분율오차} = \frac{\text{측정값} - \text{참값}}{\text{참값}} \times 100[\%]$$

(2) 오차의 종류

측정시에 발생하는 오차는 크게 과실오차, 계통오차 및 우발오차로 나눌 수 있다.

1) **과실오차**(mistake error)

측정자가 눈금을 잘못 읽거나 또는 기록 등의 부주의로 발생하는 오차를 말한다. 이 오차는 측정자의 부주의나 나쁜 습관에서 비롯되는 것이므로 같은 양에 대하여 여러 번 측정하고 또한 측정자를 바꾸면 오차를 줄일 수 있다.

2) **계통오차**(system error)

일정한 원인, 즉 기기의 결함, 외부의 자계 및 온도의 변화로 생기는 오차를 말한다. 이 오차는 이론적으로 보정하여 제거할 수 있다.

3) **우연오차**(random error)

계통오차를 제거하여도 원인 모르게 나타나는 오차이다. 이 오차는 기기의 교정 등으로 제거할 수 없는 것이다. 따라서 이 오차는 측정 횟수를 늘리고, 평균을 취하는 통계적 처리로 줄일 수밖에 없다.

(3) 정확도와 정밀도

측정에서 정확도(accuracy)란 측정값이 참값에 어느만큼 가까운가 하는 정도를 나타내는 값이다. 또한, 정밀도(precision)란 동일한 측정을 반복하는 경우 측정값의 분산상태가 작을수록 정밀도가 좋다고 한다. 일반적으로 정확도와 정밀도는 그 뜻이 완전히 다르지만, 현실적으로 정밀도가 좋은 기기는 정확도도 좋다고 생각해도 된다.

(4) 유효숫자

아무리 주의하여 측정량을 측정하더라도 계측기에는 반드시 오차가 있으며 또한 시오차가 들어가므로 측정값은 근사값으로 간주된다.

5.34[A]라고 하는 값은 수학적으로는 5.34000 …… [A]와 같으나, 측정값으로 생각할 경우에는 위로부터 2자리 5,3은 확실하나, 마지막 끝자리 4는 불확실한 값이기 때문에 5.34000 …… [A]와 같다고 볼 수 없다. 이 경우 확실하게 의미가 있는 5, 3을 유효숫자라 한다. 만일 5.34[A]를 5.340[A]로 나타낸다고 하면, 유효숫자는 5, 3, 4와 같이 3자리로 되므로 5.34[A]와 5.340[A]는 다른 수치를 나타낸다. 따라서 측정값의 경우는 수치에 임의로 0을 붙일 수 없다.

다음에 단위를 변환하는 경우, 예를 들어 5.2[kW]를 5,200[W]로 쓰는 경우가 있는데 이는 잘못이다. 왜냐하면 수치로서는 동일하나, 측정값으로서 전자는 유효숫자 1자리인데 대해 후자의 유효숫자는 3자리가 되므로 다른 값이 된다. 따라서 이 경우에는 5.2×10^3[W]라고 표기하는 것이 옳다.

1-3 | 전 하

유리막대를 명주헝겊으로 문지른 다음 종이조각과 같은 가벼운 물체에 접근시키면 가벼운 물체들이 유리막대로 끌려간다.

이 실험에서 자석에 절대로 달라붙지 않는 물질까지도 흡수하는 것을 보면 이것은 분명히 자력(magnetic force)에 의하여 끌리는 것이 아니고, 다른 종류의 어떠한 힘이 발생하여 물질을 끌어당기고 있음에는 틀림이 없다.

이와 같이 마찰된 물체가 가벼운 물체를 흡수하고 있을 때 흡수하는 힘의 원천을 전기(電氣 ; electricity)라 부른다.

미국의 과학자 프랭클린(Franklin ; 1706~1790)은 유리막대에 나타나는 전기를 양(+)전기(positive electricity), 명주헝겊에 나타나는 전기를 음(−)전기(negative electricity)라 불렀다.

전기의 본질에 관해서는 오래 전부터 여러 가지로 연구되고 많은 가설이 세워졌지만, 오늘날에는 원자물리학의 관점에서 이를 설명하고 있다.

이에 의하면 모든 물질은 분자(molecular)들의 집합이고 분자는 원자(atom)의 집합으로 되어 있으며, 이들 원자는 원자핵(atomic nucleus)과 그 주위를 돌고 있는 전자(electron)들로 구성되어 있다.

원자핵은 양(+)전기를 가진 양자(proton)와 전기를 가지지 않는 중성자(neutron)가 강한 핵력으로 결합되어 있다. 전자는 음(−)전기를 지닌 입자이며, 원자의 종류에 따라 1개로부터 수십 개의 전자가 원자핵 주위의 정해진 궤도 위를 운행하고 있다.

정상상태에서 원자를 이루고 있는 양자의 수는 전자의 수와 같으며, 양자 1개가 지니는 전기량은 전자 1개가 지니는 전기량과 같고 극성은 반대이므로 원자는 전체적으로 볼 때 전기적으로 중성이다.

앞의 경우 마찰에 의해 유리막대는 자유전자가 명주헝겊으로 이동하여 중성체에서 전자(−)가 부족하여 양(+)전기를 띠게 되고, 명주헝겊은 반대로 자유전자를 얻어 전자 수가 양자 수보다 많으므로 음(−)전기를 띠게 되는 것이다.

이상으로 전기란 모든 원소 중에 포함되는 원자핵 중에 양자(+)와 이것을 둘러싼 전자(−)가 그 근원이라 할 수 있다.

대전에 의해서 물체가 띠고 있는 전기를 전하(電荷 ; electric charge)라고 한다. 전자 1개가 갖는 전하는 전기량으로서 더 이상 쪼갤 수 없는 최소의 양이다. 그러나 이 양은 너무 적으므로 MKS 단위계(길이, 질량, 시간의 단위로 각각 Meter, Kilogram, Second를 쓰는 단위계)에서는 전하의 단위를 쿨롱(Coulomb[C])이라 하는데, 이는 프랑스의 과학자 쿨롱(Coulomb ; 1736~1806)의 이름에서 따온 것이다.

전자 1개의 전하는 $\mathbf{1.602 \times 10^{-19}}$ [C]이다.

따라서 $1/1.602 \times 10^{-19} = \mathbf{6.25 \times 10^{18}}$ 개의 전자가 모이면 1[C]이 된다.

예제 1-1 전자 3×10^{20}개의 전하는 총 몇 [C]인가?

풀이 총 전하 Q는

$Q=1.602\times10^{-19}\times3\times10^{20}=\mathbf{48.06}$[C]

1-4 | 전 류

앞 절의 실험에서 유리막대로부터 명주헝겊으로 전자의 이동, 즉 전하가 이동한다고 하였다.

전기회로에서 에너지가 전송되려면 전하의 이동이 있어야 한다. 이 전하의 이동을 전류(電流 ; electric current)라고 한다. 전류의 크기는 회로의 어느 단면을 단위시간에 통과하는 전하의 양으로써 정의된다. 그 MKS 단위는 암페어(Ampere)이고 기호는 [A]이며, 프랑스의 과학자 앙페르(Ampere ; 1775~1836)의 이름에서 딴 것이다. 1[A]는 1초 동안에 1[C]의 전하, 즉 6.25×10^{18}개의 전자가 이동할 때의 전류이다.

따라서 일정한 비율로 t초 동안에 Q[C]의 전하가 이동할 때의 전류 I와 전하 Q는 다음과 같다.

$$I=\frac{Q}{t}\ [\mathrm{A}], \qquad Q=It\ [\mathrm{C}] \tag{1-1}$$

전류의 방향은 관례상 정(+)전하가 이동하는 방향으로 정하고 있으므로 전자의 이동방향은 전류의 양(+)의 방향과 반대이다.

[그림 1-1] 같은 전류의 2가지 표현

도선이나 소자에 흐르는 전류를 나타낼 때 2가지를 밝혀야 한다. 하나는 전류의 기준방향을 나타내는 화살표이고, 또 하나는 그 기준방향으로 흐르는 전류값이다. [그림 1-1](a)와 같이 전류값의 대수적인 부호가 정(+)일 때 관례전류가 흐르는 실제 방향을 나타내는 것이다. [그림 1-1](b)와 같이 전류값의 부호가 부(-)이며 전류가 실제로 흐르는 방향은 화살표와는 반대가 된다.

예제 1-2 어떤 도체의 단면을 3분간 같은 비율로 360[C]의 전하량이 통과되었다면 전류의 크기는 얼마인가?

풀이 $I=\frac{Q}{t}=\frac{360}{3\times 60}=\mathbf{2}[\mathrm{A}]$

예제 1-3 어떤 도선에 2[A]의 전류가 8초 동안 흘렀다면 대략 몇 개의 전자가 이동한 셈인가?

풀이 이동한 총 전하량

$Q=I\cdot t=2\times 8=16[\mathrm{C}]$

따라서 전자의 개수

$N=Q\cdot e=16\times 6.25\times 10^{18}=\mathbf{10^{20}}[개]$

1-5 | 전 압

물은 수위가 높은 곳에서 낮은 곳으로 흐르며, 두 점간에는 수위차가 있다고 말한다. 마찬가지로 도체에 전류가 흐르기 위해서는 도체 양단에 전위차가 있어야 한다.

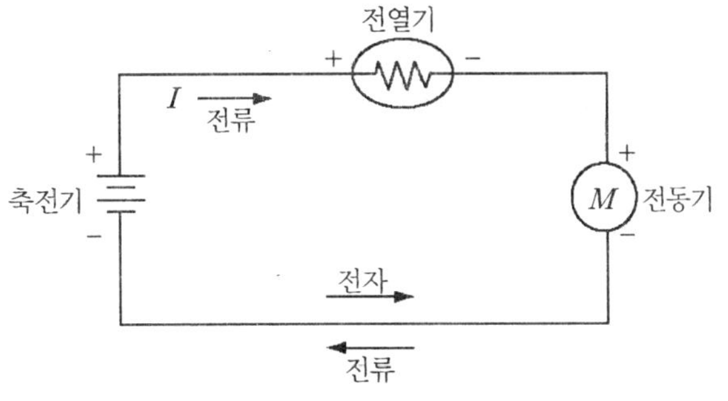

[그림 1-2] 전류와 전자의 이동방향

물이 흘러 수위가 변화될 때 에너지 변환이 일어나듯이 회로에도 전류가 흐를 때에는 에너지의 변환과 전송이 일어난다.

예컨대 [그림 1-2]와 같은 회로에서는 축전지 내에서 화학적 에너지가 전기적 에너지로 변환되고, 이 전기적 에너지는 전류에 따라 회로의 각 부분에 전송되어 전열기 내에서는 열에너지로, 전동기 내에서는 기계적 에너지로 변환된다. 이와 같이 양(+)전하가 축전지를 통할 때에는 전기적 에너지를 얻고, 회로의 다른 부분을 통할 때에는 얻은 에너지를 잃게 된다.

+1[C]의 전하가 회로의 두 점 사이를 이동할 때 얻거나 또는 잃는 에너지를 두 점간의 전위차(電位差 ; electric potential difference) 또는 전압(電壓 ; voltage)이라고 하며, 그 MKS 단위는 볼트(Volt)로서 기호는 [V]이며, 이탈리아의 물리학자 볼타(Volta ; 1745~1827)의 이름에서 딴 것이다. 1[V]는 1[C]의 전하가 두 점간을 이동할 때 얻거나 또는 잃는 에너지가 1줄[joule, J]일 때의 전위차이다. 따라서 Q [C]의 전하가 전위차가 일정한 두 점간을 이동할 때 얻거나 또는 잃는 에너지가 W [J]이라 하면 그 두 점간의 전압은

$$V = \frac{W}{Q}[\mathrm{V}], \quad W = VQ[\mathrm{J}] \tag{1-2}$$

[그림 1-3](a)에서 회로 내의 한 점 a에서 다른 점 b까지 양(+)전하를 이동시키는 데 외부에서 일을 해주어야 할 때, 즉 이동하는 전하가 에너지를 얻을 때 b점의 전위는 a점의 전위보다 높다고 표현하며, a에서 b로 전압상승(voltage rise)이 있다고 말한다.

마찬가지로 [그림 1-3](b)와 같이 양전하가 이동하면서 전하 자신이 일을 할 때, 즉 전하가 에너지를 잃을 때에는 a에서 b로 전압강하(voltage drop)가 있다고 말한다. 예컨대 축전지에 전류가 흐르면 화학적 에너지가 전기적 에너지로 변환되면서 전기에너지를 얻으며, 이때 축전지 양단에는 전류의 방향으로 전압상승이 생기며, 또한 전등에 전류가 흐르면 전기에너지가 열에너지로 변환되면서 전기에너지를 잃는다. 이때 전등의 양단에는 전류의 방향으로 전압강하가 생겼다고 말한다.

전지나 발전기는 전류가 계속해서 흐르도록 전위차를 유지하기 위한 장치로서 이들 장치는 기전력(electromotive force)을 가지고 있다고 말하며, e 또는 E로서 표시하며 그 단위는 전압과 같이 [V]이다.

(a) 전하가 에너지를 얻는 경우(전압상승)

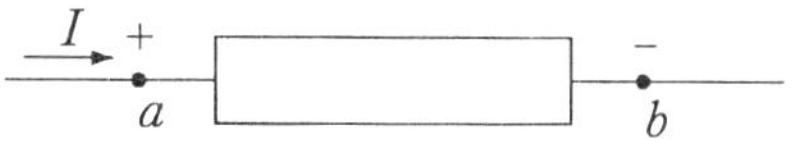

(b) 전하가 에너지를 잃는 경우(전압강하)

[그림 1-3] 전압상승과 전압강하

예제 1-4 어느 두 점 사이를 20[C]의 전하량이 이동하여 100[J]의 일을 했다면 두 점간의 전압은 몇 [V]인가?

풀이 $V=\frac{W}{Q}=\frac{100}{20}=\mathbf{5}[\mathrm{V}]$

예제 1-5 어느 두 점간을 2[V]의 기전력으로 20[J]의 일을 할 때 이동한 전하량은 몇 [C]인가?

풀이 $Q=\frac{W}{V}=\frac{20}{2}=\mathbf{10}[\mathrm{C}]$

1-6 | 전 력

단위시간에 전압과 전류가 한 일의 양, 또는 단위시간에 변환 또는 전송되는 에너지를 전력(電力 ; electric power)이라고 한다. 전력의 단위로는 [J/S]을 사용하기도 하지만, 이에 대한 MKS 단위로는 와트(Watt)로서 기호는 [W]이며, 증기기관을 처음 설계한 스코틀랜드의 공학자 와트(Watt ; 1736~1819)의 이름을 따서 붙인 것이다.

1[W]란 1초 동안에 주고받는 에너지가 1[J]일 때의 전력이다. 따라서 주고받는 에너지 W[J]이 시간적으로 일정할 때의 전력은

$$P=\frac{W}{t}=\frac{W}{Q}\cdot\frac{Q}{t}=VI[\mathrm{W}] \text{ 또는 } [\mathrm{J/S}] \tag{1-3}$$

따라서 에너지, 즉 전력량 W는

$$W=Pt=VIt[\mathrm{J}] \tag{1-4}$$

이상에서 전압상승의 방향으로 전류가 흐를 때에는 전기적 에너지 또는 전력의 발생, 공급이 있고, 전압강하의 방향으로 전류가 흐를 때에는 전기적 에너지 또는 전력의 전송 · 소비가 있다.

실제로 전기이론 분야에서는 기본단위보다 크고 작은 양을 나타내기 위하여 〈표 1-1〉과 같이 10의 거듭제곱 형태로 표시되는 보조단위를 많이 쓴다.

〈표 1-1〉 10의 거듭제곱 보조단위

기 호	읽 기	배 수	기 호	읽 기	배 수
T	테라(Tera)	10^{12}	c	센티(centi)	10^{-2}
G	기가(Giga)	10^{9}	m	밀리(milli)	10^{-3}
M	메가(Mega)	10^{6}	μ	마이크로(micro)	10^{-6}
K	킬로(Kilo)	10^{3}	n	나노(nano)	10^{-9}
h	헥토(hecto)	10^{2}	p	피코(pico)	10^{-12}

예제 1-6 1200[W]는 몇 [kW]인가?

풀이 $1200[\text{W}] = 1.2 \times 1000[\text{W}] = \mathbf{1.2}[\text{kW}]$

예제 1-7 0.02[A]는 몇 [μA]인가?

풀이 $0.02[\text{A}] = 2 \times 10^4 \times 10^{-6}[\text{A}] = \mathbf{2 \times 10^4}[\mu\text{A}]$

예제 1-8 [그림 1-4]와 같은 회로에서 2[A]의 전류가 시계방향으로 흐를 때 각 소자가 소비하는 전력은 몇 [W]인가?

풀이 A소자에서는 전압상승으로 전력을 공급하고 B, C소자는 전압강하이므로 전력을 소비하므로

$P_A = VI = -5 \times 2 = \mathbf{-10}[\text{W}]$

$P_B = 3 \times 2 = \mathbf{6}[\text{W}]$

$P_C = 2 \times 2 = \mathbf{4}[\text{W}]$

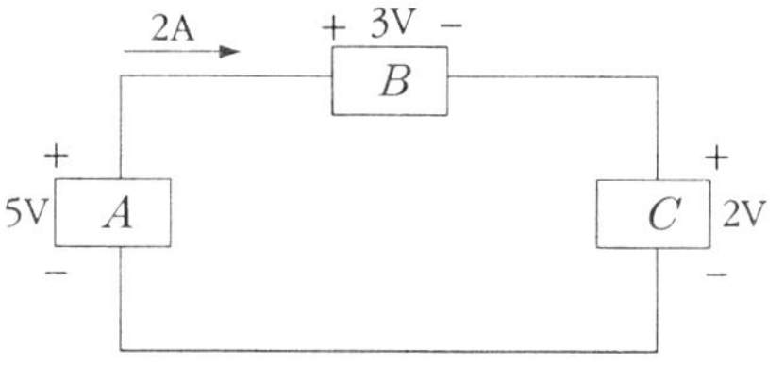

[그림 1-4]

예제 1-9 500[W]의 전력을 소비하는 전열기를 10시간 동안 연속하여 사용했을 때의 전력량 W는 몇 [kWh]인가?

풀이 1[J]=1[W·s : Watt·sec], 1[Wh : Watt hour]=3600[W·s]

1[kWh]=1000[Wh]이므로

$W = Pt = 500[\mathrm{W}] \times 10[\mathrm{h}] = 5000[\mathrm{Wh}] = \mathbf{5}[\mathrm{kWh}]$

〈표 1-2〉 기본적인 전기적 양

전기적 양	기 호	단위(MKS계)	단위의 약자	관 계 식
전 하	q, Q	Coulomb	C	$Q = It = \frac{W}{V}$
전 류	i, I	Ampere	A	$I = \frac{Q}{t}$
전압 또는 기 전 력	v, V e, E	Volt	V	$V = \frac{W}{Q}$
전 력	p, P	Watt, Joule/Sec	W, J/S	$P = \frac{W}{t} = VI$
에 너 지 또는 일	w, W	Joule, Watt·sec	J, W·s	$W = Pt$

이상으로 배운 내용을 요약하면 〈표 1-2〉와 같다. 기호에서 보통 소문자는 시간적으로 변하는 경우, 대문자는 시간적으로 불변인 경우에 쓰인다.

1-7 | 전자소자의 기호

전자회로에서 회로를 그릴 때 사용하는 각종 소자에 대한 기호는 〈표 1-3〉과 같다.

〈표 1-3〉 전자소자 기호

구 분		기 호
배선	도선	
	도선의 교차	
	도선의 접속	
	도선의 분기	
접지	케이스 접지	
	대지 접지	
전원	직류(DC)	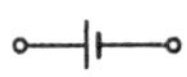
	교류(AC)	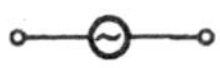
저항	고정저항	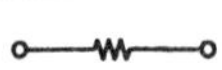
	반고정저항	
	가변저항	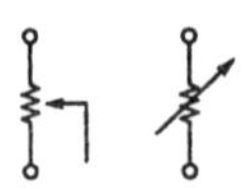

구 분		기 호
콘덴서 (커패시터)	고정 콘덴서	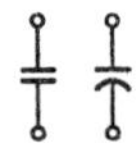
	반고정 콘덴서 (TC)	
	가변 콘덴서 (VC)	
	전해 콘덴서	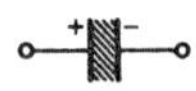
인덕턴스	인덕턴스	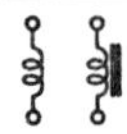
	가변 인덕턴스	
	상호 인덕턴스	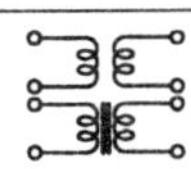
전압계	직류 전압계	
	교류 전압계	
전류계	직류 전류계	
	교류 전류계	
다이오드	정류, 검파	
	발광(LED)	
	정전압(Zerner)	
트랜지스터 (TR)	NPN	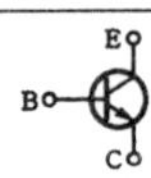
	PNP	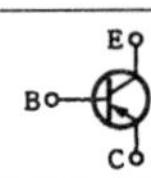

제 2 장

저 항 기

2-1 | 회로소자

전기회로를 구성하는 회로소자(circuit element)에는 외부에서 전기적 에너지의 공급을 받지 않는 한 전기적 효과가 없는 소자들은 수동소자(passive element)라 하며, 전기적 에너지를 공급하는 장치인 전원(source)을 능동소자(active element)라 한다.

회로소자는 그 전기적 특성에 따라서 능동소자는 전압원(vostage source)과 전류원(current source)으로 구분되며 수동소자는 저항기(resistor), 유도기(inductor), 용량기(capacitor)로 구분되며, 이 장에서는 저항기에 대해서 알아본다.

2-2 | 저항기의 종류

전류가 잘 흐르는 물체를 도체(conductor), 전류가 흐르지 않는 물체를 절연체(insulator) 또는 부도체(nonconductor)라고 한다. 이에 비하여 전류의 흐름을 필요에 따라 제한하는 전자부품인 실물을 저항기(resistor), 속칭 저항(resistance)이라고 한다. 이들 저항기는 저항값의 변화에 따라 고정저항기와 가변저항기, 반고정저항기로 분류된다.

(1) 고정저항기

일반적인 저항기를 말하며, 저항값이 고정되어 있는 저항기로 탄소피막, 금속피막, 권선, 시멘트 및 어레이 저항기 등으로 대변되며, 고정저항기의 외형은 [그림 2-1]과 같다.

1) 탄소피막 저항기

세라믹 막대 표면에 흑연피막을 증착시킨 구조인데, 저항값은 탄소피막의 두께로 조절한 저항기로서 가장 일반적이며, 열용량 1/8[W]~1[W], 오차 ± 5%의 소용량 저항기이다.

크기가 작고, 가격은 싸지만 잡음 발생이 많으며 저항값은 컬러코드(color code) 방식으로 표기한다.

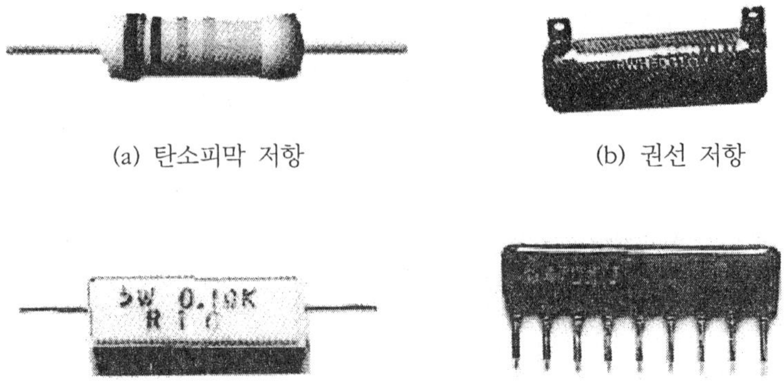

(a) 탄소피막 저항 (b) 권선 저항

(c) 시멘트 저항 (d) 어레이 저항

[그림 2-1] 고정저항기 외형

2) 금속피막 저항기

탄소피막 대신 금속피막을 증착시킨 것만 다르고 모양과 제조방식은 위와 같다. 금속피막 저항은 오차가 2[%] 이내인 정밀급으로 제조되고 잡음이 적으며, 5색띠 컬러코드 저항은 여기에 해당된다.

3) 권선저항기

10~50[mm] 정도의 도자기관에 니크롬 저항선을 감아 만든 발열량이 큰 저항기로 2~100[W] 정도의 대용량이 많고, 10[W] 이상이 되면 저항선 위를 법랑으로 코딩한다.

4) 시멘트 저항기

단단한 사각형 시멘트관 속에 저항재질을 압축하여 넣어 만든 저항기로 2~10[W] 정도의 중간 용량형이고 오차는 ±5[%] 제품이 많다.

5) 어레이(array) 저항기

최근의 디지털회로 등에는 동일한 저항값의 저항기를 대량으로 사용하기 편리하도록 같은 값을 가진 여러 개의 저항이 하나로 묶여 있는 저항기로서 네트워크 저항기(network resistor)라고도 하며, [그림 2-2]와 같이 공통 접속되는 (a)의 경우와 각각 저항기가 독립되어 있는 (b)가 있다.

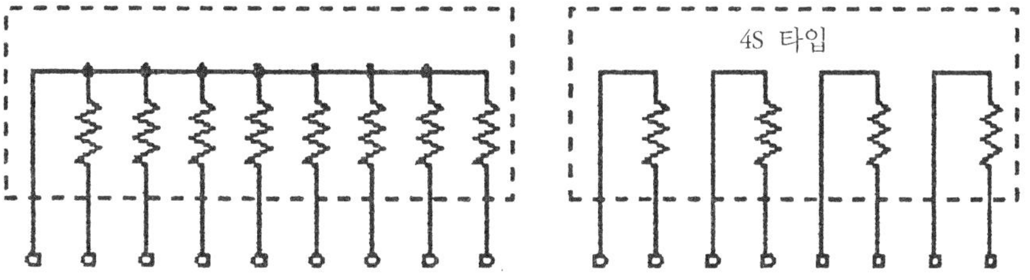

(a) (b)

[그림 2-2] 어레이 저항기 접속

(2) 가변저항기와 반고정저항기

1) 가변저항기

저항값을 조절하도록 만든 것을 가변저항기(VR ; Variable Resistor)이라 하며 실제로는 음량의 조정 등에 많이 사용되므로 볼륨(volume)이라고도 하며, [그림 2-3]과 같은 회전형과 슬라이드형 가변저항기가 주로 사용된다.

보통 가변저항기는 저항숫자가 표시되어 있다.

예를 들면 50[kΩ] 혹은 503이란 표기가 되어 있으면 50[kΩ]은 문제가 안되지만 503은 다음과 같이 계산된다.

$$50 \times 10^3 = 50,000[\Omega] = 50[k\Omega]$$

로서 이 가변저항기는 0~50[kΩ]까지 가변시킬 수 있다.

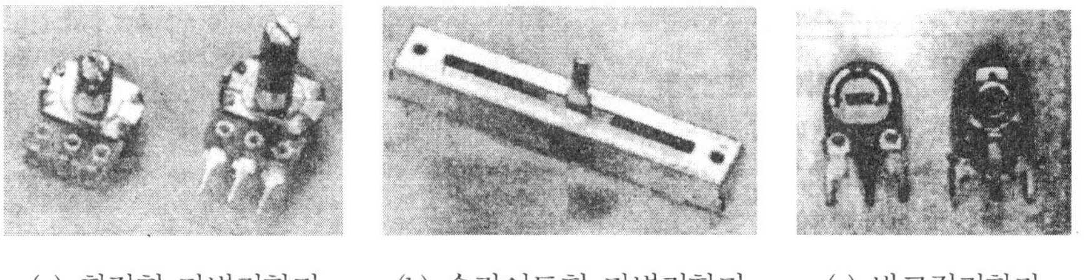

(a) 회전형 가변저항기 (b) 슬라이드형 가변저항기 (c) 반고정저항기

[그림 2-3] 가변저항기 및 반고정저항기의 외형

2) 반고정저항기

드라이버로 조절이 가능하도록 만든 것을 반고정저항기(semi variable resistor)

또는 트리머 저항기(trimmer resister)라고 하며, 외형은 [그림 2-3]과 같은 것이 주로 사용된다.

2-3 | 저항값 표시

(1) 컬러코드 표시법

탄소피막형이나 금속피막형의 소형저항기는 워낙 그 크기가 작아 값을 써 넣기가 어려우므로 원형의 색띠(color band)로 표시되는 경우가 많은 데, 이를 컬러코드(color code)라 한다.

탄소피막형 저항기는 5[%] 오차의 4색띠 방식, 금속피막형은 1~2[%] 오차의 5색띠 방식이 일반적이며, 저항값 표시에 관한 컬러코드의 규정은 〈표 2-1〉과 같다.

〈표 2-1〉 색띠 저항표시법

색	유효숫자	승수	오차
흑(검정)	0	10^0	
갈(밤색)	1	10^1	±1%
적(빨강)	2	10^2	±2%
등(주황)	3	10^3	
황(노랑)	4	10^4	
녹(잔디)	5	10^5	±0.5%
청(파랑)	6	10^6	
자(보라)	7	10^7	
회(회색)	8	10^8	
백(흰색)	9	10^9	
금(금분)	-	10^{-1}	±5%
은(은분)	-	10^{-2}	±10%
무	-	-	±20%

예컨대

• 4색띠

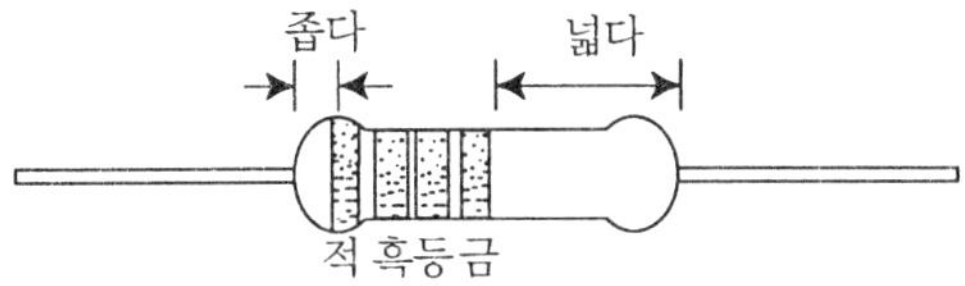

제 1, 2색 : 적흑 = 20

제 3색 : 등 $= 10^3$

저항값 : $20 \times 10^3 = 20,000[\Omega] = 20[k\Omega]$

제 4색(오차) : 금 = ± 5[%]

• 5색띠

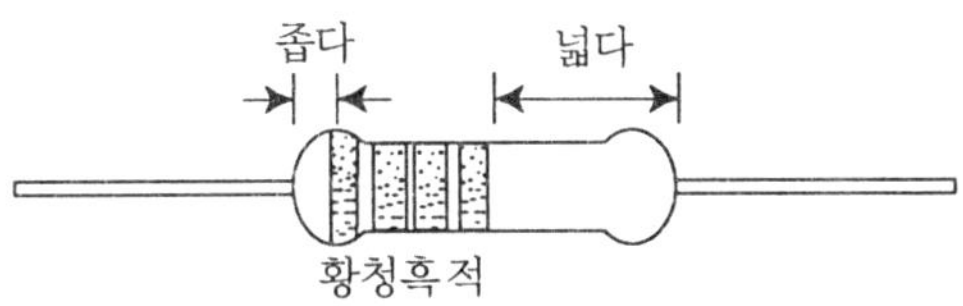

제 1, 2, 3색 : 황 청 흑 = 460

제 3색 : 적 $= 10^2$

저항값 : $460 \times 10^2 = 46[k\Omega]$

제 5색(오차) : 적 = ±2[%]

(2) 숫자표시법

저항기의 표면이 크거나 평면이면 컬러 대신 숫자나 저항값을 직접 인쇄하여 표기하는 경우도 있다. 이 때 오차는

D = ± 0.5[%], F = ± 1[%], G = ± 2[%], J = ± 5[%] K = ± 10[%]

를 나타낸다. 예컨대

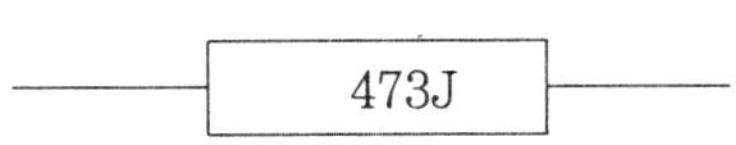

제 1, 2 숫자 : 유효숫자 = 47

제 3 숫자 : 승수 $= 10^3$

저항값 : $47 \times 10^3 = 47[\mathrm{k\Omega}]$

오차 : $J = \pm 5[\%]$

예컨대

5W20ΩK

정격전력 : 5[W]

저항값 : 20[Ω]

오차 : $K = \pm 10[\%]$

예제 2-1 〈표 2-2〉에 나타낸 색띠의 저항값과 오차범위를 쓰시오.

〈표 2-2〉

첫째 색	둘째 색	셋째 색	넷째 색	다섯째 색	저항값	오 차
적	청	황	은	–		
갈	흑	적	금	–		
적	흑	금	금	–		
황	적	녹	흑	녹		
갈	적	녹	갈	적		

예제 2-2 임의의 저항기 10개를 선택하여 〈표 2-3〉을 완성하시오.

〈표 2-3〉

저항	첫째 색	둘째 색	셋째 색	넷째 색	다섯째 색	저항값	오 차
1							
2							
3							
4							
5							
6							
7							
8							
9							
10							

예제 2-3 〈표 2-4〉에 나타낸 저항값의 색을 해당란에 쓰시오.

〈표 2-4〉

저항값(Ω)	오차	첫째 색	둘째 색	셋째 색	넷째 색
820	±5%				
1.2K	±5%				
10K	±10%				
33K	±10%				
47M	±20%				

제 3 장

직류전원공급기 및 회로시험기

3-1 직류전원공급기

3-2 아날로그 회로시험기

3-3 디지털 회로시험기

3-4 브레드보드

▸ **실험 3-1** 저항측정

▸ **실험 3-2** 전압 및 전류측정

3-1 | 직류전원공급기

모든 전원공급기(power supply)에는 내부저항이 있으며, 내부저항이 큰 경우에는 부하값의 변화에 따라 출력 전압이 크게 변화한다. 따라서 보통 실험실에서 사용하는 직류전원공급기(DC power supply)는 정전압의 안정화 전원공급기를 사용함으로써 부하가 변화하더라도 출력전압이 거의 변화하지 않도록 하고 있다.

(1) 각 부의 명칭과 기능

가장 보편적으로 많이 사용되는 직류전원공급기의 전면부는 [그림 3-1]과 같으며 그 명칭과 동작은 다음과 같다.

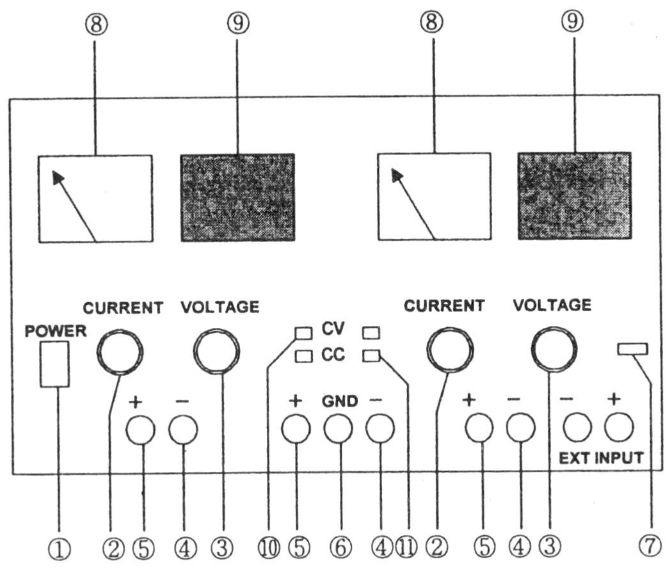

[그림 3-1] 직류전원공급기

① 전원스위치 : ON하였을 때 전원이 공급된다.

② 전류조절 손잡이 : 우측 끝에 두면 3[A]까지의 출력이 가능하고 3[A] 이상이면 보호회로가 작용하여 출력이 제한된다. 손잡이를 중간에 두면 1.5[A]의 출력이 가능하다.

③ 전압조절 손잡이 : 좌측 끝은 0[V], 우로 돌릴수록 높은 전압이 된다.

④ (−)단자 : 부(−)극 출력단자이다.

⑤ (+)단자 : 정(+)극 출력단자이다.
⑥ GND 단자 : 접지단자로 어스에 접지하여 사용한다.
⑦ INT, EXT 스위치 : 내부 및 외부의 전압을 측정하는 스위치이다.
⑧ 전류계 : 출력되는 전류의 양을 나타낸다.
⑨ 전압계 : 출력되는 전압의 양을 나타낸다.
⑩ CV LED : 녹색의 발광다이오드(LED : Light Emitting Diode)로서 정전압을 표시하며 항상 녹색으로 발광된다.
⑪ CC LED : 적색의 발광다이오드로서 정전류를 표시하며, 적색으로 발광되면 공급되는 전류의 양이 충분하지 않은 것을 나타내므로 발광되지 않도록 ②번의 손잡이를 조정하여야 한다.

(2) 사용방법

① 부하를 연결하지 않는 상태에서 먼저 필요한 전압을 설정한다.
② 부하에 공급될 전류를 예상하고 다소 넉넉하게 전류 손잡이를 조절하여 과전류시 기기파손의 사고를 줄인다.
③ 전원 스위치를 끄고 부하를 접속한 다음 전원 스위치를 켠다.
④ 만약 필요한 전압이 30[V]를 넘는 경우 두 채널을 [그림 3-2]와 같이 직렬로 연결하여 60[V]까지 전압을 얻을 수 있다. 이 경우 전류값을 비슷하게 유지해 주는 것이 좋다.

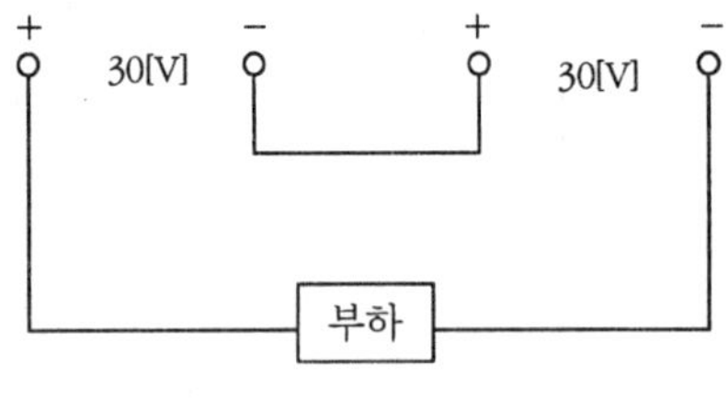

[그림 3-2] 전원의 직렬연결

3-2 | 아날로그 회로시험기

아날로그 회로시험기(analog circuit tester)는 전환 선택스위치를 돌려서 직류 전압, 직류전류, 교류전압 및 저항 등을 측정할 수 있는 기본계기로서 멀티미터(multi-meter), VOM(Volt Ohm Meter) 간단히 테스터(tester)라고도 하는 편리한 기구로서, 마치 사람의 건강을 진단하는 데 쓰이는 "청진기"와 같아서 여러 가지 전기 · 전자기구와 제품을 점검하고 수리하는 데는 물론, 실험을 하는데 꼭 필요한 계측기이다.

일반적으로 아날로그 회로시험기의 내부에는 가동코일형 전류계를 기본 지시계로 하여 병렬저항(분류기)을 적절히 조합하여 2.5[mA]의 전류측정 범위(range)를 가지며, 직렬저항(배율기)을 단계별로 높여 달아서 2.5[V], 10[V], 50[V], 250[V], 1,000[V]의 전압렌지를 가진다.

또한 저항을 측정하기 위해서 내부에 전지와 가변저항기 등이 장치되어 있으며, 계기의 눈금판(scale plate)에는 전압, 전류 및 저항에 대한 여러 가지 눈금이 그려져 있으며, 이 눈금의 선택은 전환 선택스위치(rotary selector switch)에 의해 선택된 규격에 대응된다.

(1) 각 부의 명칭과 기능

가장 보편적으로 많이 사용되는 회로시험기의 구조는 [그림 3-3]과 같으며, 각 부위별 명칭과 기능은 다음과 같다.

① 트랜지스터 검사단자

② 트랜지스터 판정 지시장치

③ 입력단자 : 측정 리드 접속용

④ 선택스위치 : 측정레지를 선택하는 로터리 스위치로서 사용하지 않을 때는 OFF에 둔다.

⑤ "0"옴 조정기 : 옴 미터로 사용할 때 '지침이 옴 눈금의 "0"점에 정확히 오도록 조절해야 한다.

⑥ 바늘 조정나사 : 측정전 바늘이 왼쪽 끝, 영점라인에 오도록 일자 드라이버로 조절한다.

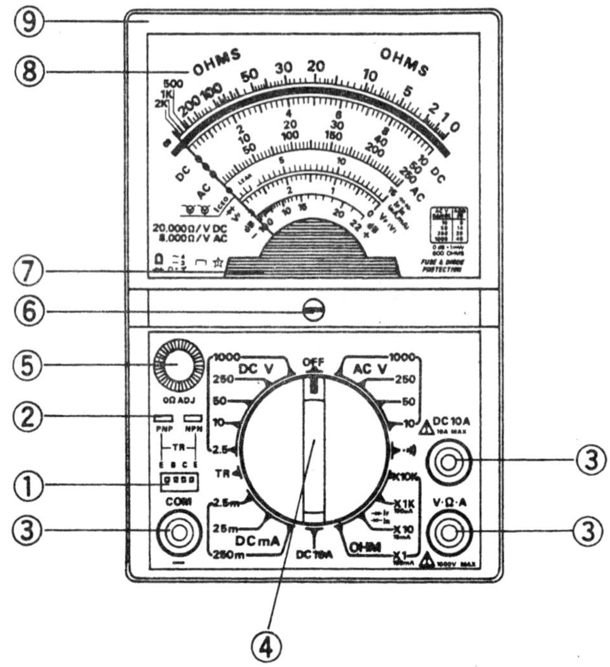

[그림 3-3] 아날로그 회로시험기 구조

⑦ 내자형 가동코일형 미터 : 고감도, 고직선성 및 1[%] 미만의 정밀도이다.

⑧ 눈금판

⑨ 케이스

(2) 사용시 유의사항

① 기계적인 진동이나 충격을 주지 않는다.

② 강력한 자계가 있는 곳은 측정시 오차가 발생할 수 있으므로 피한다.

③ 바늘의 움직임 편하도록 수평으로 놓고, 빨간색 리드선은 (+)단자에 검정색 리드선은 (−)단자에 꽂는다.

④ 측정하기 전에 바늘이 "0"의 눈금에 맞추어져 있는지 확인하고, 맞추어져 있지 않으면 "바늘조정나사"로 정확히 맞춘다.

⑤ 측정물에 시험막대(리드선)를 댄 채로 선택스위치를 돌리면 과격한 전류나 전압에 의해 회로시험기가 파손되기 쉽다.

⑥ 만일, 선택스위치를 저항렌지에 놓고 전압을 측정하는 경우, 직류전류렌지에 놓고 전압을 측정하는 경우 직류전압렌지에 놓고 교류전압을 측정하여 회로

기가 작동되지 않을 때는 케이스를 열고 퓨즈(fuse)를 확인하고 끊어졌으면 같은 것으로 교체하여야 한다.

⑦ 사용하지 않을 때에는 회로시험기의 전원을 끈다(측정렌지 선택스위치를 OFF에 둔다).

(3) 측정의 실제

1) 저항측정

저항기(resistor)는 전류의 흐름을 억제하는 기능을 가지며 속칭 저항이라고 하며 약어는 R, 기호는 o—WW—o, 단위는 옴(ohm, Ω)을 사용한다. 이 절에서는 저항의 측정에 대해서 알아본다.

① 기계적 영점을 조정한다.(작업시작 무렵, 하루에 한 번 정도)
② 임의의 OHM렌지를 선택한다.(중간, × 1[kΩ])
③ 리드선끼리 접속하여 0[Ω]이 되게 영점 조정기를 조절한다.
④ 측정할 회로의 전원을 제거하고 [그림 3-4]와 같이 결선한다.
⑤ 눈금값과 렌지의 배율을 곱하여 저항값을 얻는다.
⑥ 바늘(지침)이 스케일의 양쪽 끝에 치우치면 오차가 커지므로 렌지를 조정한다.
⑦ 0[Ω] 조정은 렌지를 바꿀 때마다 반드시 한다.
⑧ 0[Ω] 조정을 하여도 0[Ω]을 지시하지 않을 경우에는 회로기 내부의 건전지 전압이 부족하므로, 새로운 건전지로 교환한다.

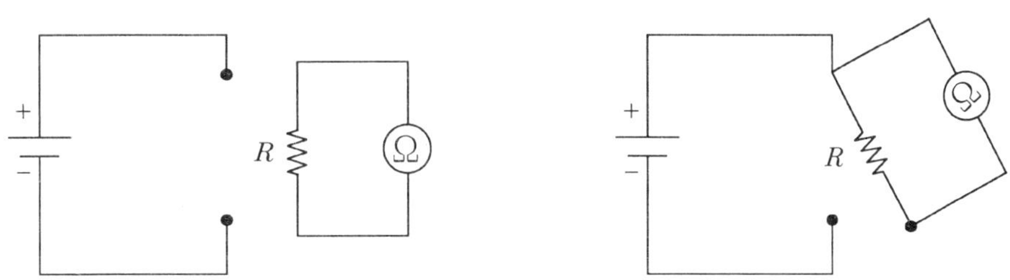

[그림 3-4] 저항측정

예제 3-1 어떤 저항을 1[kΩ]의 측정 렌지에서 측정하였더니 지침이 10을 지시하였다. 저항값은 얼마인가?

풀이 $R = 1 \times 10 = 10[\text{k}\Omega]$

예제 3-2 10[kΩ]의 가변저항기에서 0, 25, 5, 7[kΩ] 및 10[kΩ]을 만들어 보아라.

2) 직류전압 측정

① 직류전압은 보통 2.5V~1,000V렌지까지 4~5단으로 구성되어 있다.

② 렌지 스위치의 손잡이를 돌려 DC V 렌지에 맞춘다.

③ 측정할 전압값을 잘 모를 때 높은 전압렌지에서 먼저 확인해 보고 낮은 전압 렌지로 옮겨가는 것이 안전하다.

④ 적색 리드봉을 (+)극에, 흑색 리드봉을 (−)극에 접속하고, 측정할 단자의 극성을 맞추고 [그림 3-5]와 같이 병렬로 연결하고 측정한다.

⑤ DC 눈금판을 렌지 숫자에 맞추어 읽는다.

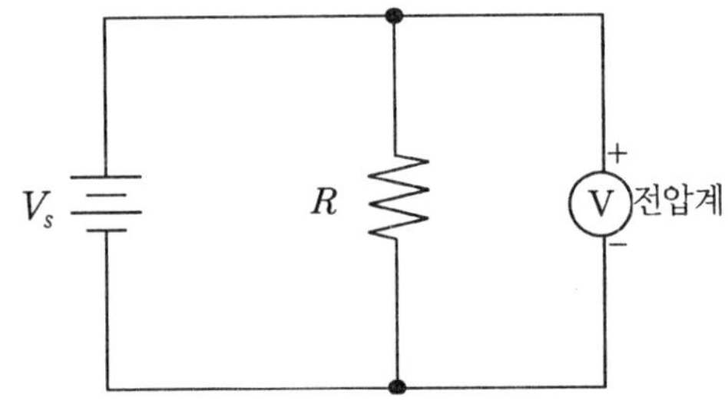

[그림 3-5] 전압측정

예제 3-3 (1) 측정렌지를 DC 250에 놓고 어떤 전압을 측정하였더니 최고값 25눈금에서 지침이 15를 지시하였으면 전압은 몇 [V]인가?

(2) 주위에 있는 건전지의 전압을 측정하여라.

(3) 직류전원공급기에서 0, 10, 20, 25[V] 및 30[V]의 전압을 단계적으로 설정하고 회로시험기로 확인하여라.

풀이 지시값 × 배수 = 15 × 10 = 150[V]

3) 교류전압 측정

① 교류전압은 보통 10V~1,000V까지의 4개 렌지로 되어 있다.

② 렌지 스위치의 손잡이를 돌려 AC V렌지에 맞춘다.

③ 값이 미지인 경우 최고 렌지부터 측정한다.

④ 리드봉은 극성에 관계없이 측정할 부하에 병렬로 연결하고 측정한다.(교류전압은 실효값)

예제 3-4 (1) 측정렌지를 AC 1,000에 놓고 어떤 교류전압을 측정하였더니 최고값 10의 눈금에서 지침이 8을 지시하였다. 실효값 전압은 몇 [V]인가?

(2) 실험실에 있는 110[V]와 220[V]의 콘센트 전압을 측정하고 백분율오차를 계산하여라.

풀이 지시값 × 배수 = 8 × 100 = 800[V]

4) 직류전류 측정

① 직류전류는 보통 2.5, 25, 250[mA], 그리고 10[A]의 4개의 측정렌지가 있고 기종에 따라 50[μA]까지 측정 가능한 렌지도 있다.

② 10[A]까지를 측정할 때는 별도로 지정한 단자를 사용해야 한다.

③ 값이 미지인 경우 최고 렌지부터 측정한다.

④ 리드봉은 극성에 주의하여 [그림 3-6]과 같이 부하와 직렬로 연결하여 측정한다.

⑤ 지시눈금은 직류전압 DC 눈금과 같다.

⑥ 전류계 렌지에서 전압을 측정하는 경우 즉시 회로기가 파손되는 위험이 있으므로 신중을 기하여야 한다.

⑦ 교류전류의 직접측정은 불가능하므로 저항을 사용한 간접측정법을 사용하여야 한다. (전류측정 지점을 끊고 1[Ω]의 저항을 삽입하면 이곳 양단의 전압은 $V = RI = I$로써 전압측정은 전류값이 된다.)

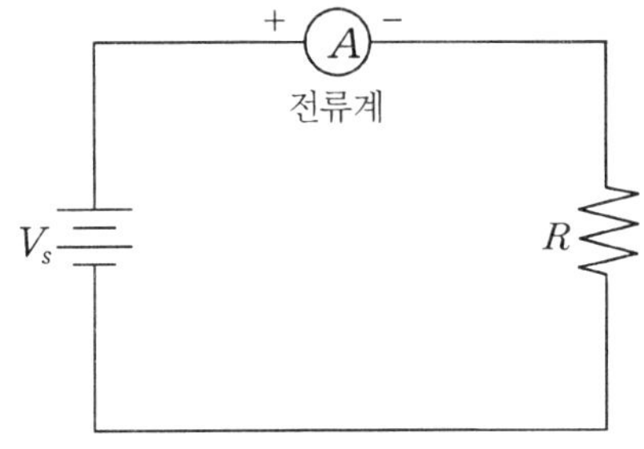

[그림 3-6] 전류측정

예제 3-5 측정렌지를 DC mA 25[mA]에 놓고 어떤 직류 전류를 측정하였더니 최고값 250의 눈금에서 지침이 50을 지시하였다. 전류는 몇 [A]인가?

풀이 지시값×배수=50×0.1=5[mA]

3-3 디지털 회로시험기

디지털 회로시험기(digital circuit tester)는 내부의 전압, 전류원을 이용하여 외부의 직류전압, 교류전압, 직류전류, 교류전류 및 저항 등을 디지털로 측정하는 기기로서 모든 수치가 디지털로 표시되기 때문에 아날로그 회로시험기보다 사용법이 편리하고 측정값이 정밀하며, 교류전류의 측정이 가능하다는 장점 때문에 널리 사용되고 있으며, 크기와 용도에 따라 탁상형과 휴대형이 있다.

(1) 탁상형 디지털 시험기

1) 각 부의 명칭과 기능

가장 보편적으로 많이 사용되는 디지털 회로시험기의 구조는 [그림 3-7]과 같으며, 각 부위별 명칭과 기능은 다음과 같다.

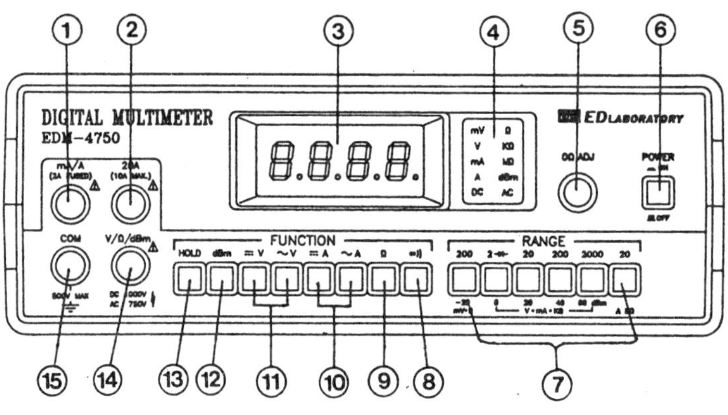

[그림 3-7] 디지털 회로시험기 구조

① mA/A : AC, DC 전류를 측정하는 단자로서 COM단자와 함께 렌지 2[A] 이하에서 사용하는 입력단자이다.

② 20[A] : AC, DC 전류 2~20[A] 범위를 측정하기 위한 입력단자이다.

③ 표시창(display panel) : 측정값을 나타내는 5디지털의 LCD 패널

④ 단위 표시기(unit indicator) : 측정값의 단위를 나타낸다.

⑤ 0[Ω] ADJ : 0 ohm set를 위한 조정기

⑥ POWER : 전원을 on/off하는 스위치

⑦ RANGE : 전압/전류/저항측정렌지 선택스위치

⑧ CONTINUITY : continuity check 기능을 하며, 대략 200[Ω]보다 낮은 경우 버저(buzzer) 음을 내게 한다.
⑨ Ω : 저항측정 기능 버튼
⑩ ~A, =A : AC, DC 전류측정 기능선택 버튼
⑪ ~V, =V : AC, DC 전압측정 기능선택 버튼
⑫ dBm : AC 측정전압을 dBm으로 나타낸다.
⑬ HOLD : 측정값을 hold시키는 버튼
⑭ V/Ω/dBm : COM단자와 함께 전압, 저항, 데시벨 측정을 위한 입력단자
⑮ COM : 전압, 전류, 저항측정의 input common 단자

2) 사용방법

① 장비의 전원을 on한다.
② 측정하고자 하는 기능(function) 버튼을 누른다.
③ 렌지버튼을 누른다.
④ 측정하고자 하는 기능에 맞는 입력소켓, 즉 V/Ω 및 mA에 맞게 적색 리드선을 연결한다.
⑤ 흑색 리드선을 COM 입력소켓에 연결한다.
⑥ 시험봉을 측정하고자 하는 소자에 연결하여 표시창(display panel)에 보여주는 값을 읽는다.

이 때 전압측정시는 시험기의 시험봉과 회로부품과는 병렬로 전류를 측정할 경우는 직렬로 연결하여야 한다.

(2) 휴대형 디지털 회로시험기

[그림 3-8]과 같은 일반적인 휴대형 디지털 회로시험기에서 저항, 전압, 전류 등의 전기적인 물리양의 측정방법을 알아본다.

1) 저항측정

회로시험기의 단자연결은 검은색 리드선은 COM단자, 붉은색 리드선은 VΩ단자에 연결하고 회전식 기능선택 스위치를 Ω으로 선택한 다음 측정할 저항을 연결한다.(회로에서 저항을 측정할 때에는 전원을 제거한 다음 리드선을 연결한다.)

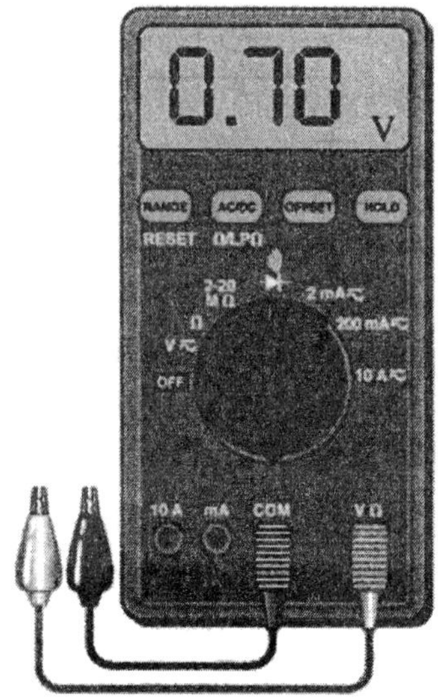

[그림 3-8] 휴대형 디지털 회로시험기

2) **전압측정**

단자를 연결할 때 검은색 리드선은 COM단자, 붉은색 리드선은 VΩ단자에 연결하고 기능선택 스위치를 측정할 전압에 따라 직류 또는 교류전압에 고정시킨다.

직류전압을 측정할 경우에는 극성에 유의하여 붉은색 리드선은 (+)극에 검은색 리드선은 (−)극에 측정할 단자의 극성에 맞추고, [그림 3−5]와 같이 병렬로 연결한 다음 전압을 측정한다.

3) **전류측정**

단자를 연결할 때 검은색 리드선은 COM단자, 붉은색 리드선은 A・mA단자에 연결하고 기능선택 스위치를 측정할 직류 또는 교류전압에 고정시킨다.

측정할 때 리드선은 극성에 주의하여 [그림 3−6]과 같이 회로를 개방하고 부하와 직렬로 연결한 다음 측정한다.

예제 3-6 예제 3-2, 예제 3-3(2), (3) 및 예제 3-4(2)를 디지털 회로시험기로 측정하고 아날로그 회로시험기로 측정한 값과 비교하고 오차를 계산하여라.

3-4 | 브레드보드

④

①
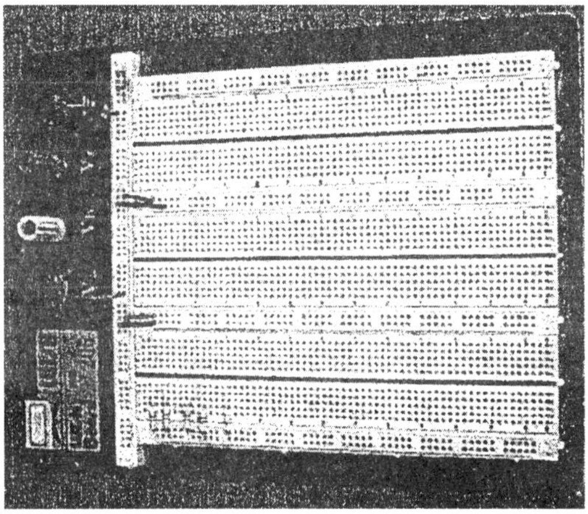
③

②

[그림 3-9] 브레드보드

브레드보드(bread board)는 [그림 3-9]와 같은 형태로서 전기 · 전자실험에서 기판에 납땜 혹은 기타 연결수단을 사용하지 않고도 회로를 구성할 수 있는 회로 제작용 기판이다.

이 보드는 그림에서처럼 구멍이 2개인 부분과 5개인 부분으로 구성되어 있다. 구멍이 2개인 부분은 가로전체(50개)가 연결되어 있으며, 구멍이 5개인 부분은 세로방향으로 5개가 연결되어 회로를 구성할 때 이 구멍을 이용한다. 여기서 2개인 부분은 주로 전원 라인으로 사용하고 5개인 부분은 주로 부품 삽입과 점프와이어를 이용하여 결선하는 주된 연결선이다.

예제 3-7 회로시험기를 이용하여 브레드보드의 가로방향과 세로방향의 내부연결 상태를 확인하여라.

예제 3-8 임의의 저항 2개를 선정하여 저항값을 측정한다. 그리고 이들 저항을 직렬과 병렬로 접속하면서 전체 저항값을 측정하고 그 값을 비교하여라.

실험 3-1 저항측정

목 적

저항의 컬러코드 판독법과 회로시험기에 의한 저항값의 측정법을 익힌다.

예비과제

1. 저항 컬러코드 판독법에 대해서 써라.
2. 회로시험기로 저항값을 측정할 때 유의할 점을 써라.
3. 가변저항기의 구조와 저항값 측정에 대해서 써라.
4. 절대오차와 백분율오차를 정의하여라.

준비물

회로시험기
고정저항기(임의의 저항 10개)
가변저항기(10[kΩ])

실 험

1. 임의의 저항 10개를 선택한 후 컬러코드에 의한 저항값, 회로시험기에 의한 측정값 및 오차를 〈표 3-1〉에 기입하여라.
2. 10[kΩ] 가변저항기의 회전와이퍼를 시계방향으로 1/4회전, 1/2회전, 3/4회전 및 최대회전시켜 R_{12}, R_{23}, R_{13}를 측정하여 〈표 3-2〉에 기입하고 R_{13}를 $R_{12}+R_{23}$와 비교하여라(가변저항기의 몸체와 회전와이퍼에 표시하여 회전크기를 정확히 한다).

실험결과 보고서

학과(전공)		학번		성명	
공동실험자				일자	20 년 월 일

1. 제목 : 저항측정
2. 이론요약

3. 실험결과

〈표 3-1〉 저항기의 측정결과

번호	첫째색	둘째색	셋째색	넷째색	저항값	오차(%)	측정값	측정오차 (%)
1								
2								
3								
4								
5								
6								
7								
8								
9								
10								

〈표 3-2〉 가변저항기의 측정결과

구 분	R_{12}	R_{23}	R_{13}	$R_{12}+R_{23}$
최대반시계방향				
(1/4) 시계방향				
(1/2) 시계방향				
(3/4) 시계방향				
최대시계방향				

4. 실험결과에 대한 의견 및 배운 점

실험 3-2 전압 및 전류측정

목 적

회로시험기에 의한 전압 및 전류측정법을 익힌다.

예비과제

1. 전하와 전류를 정의하여라.
2. 회로시험기로 전류를 측정할 때 유의할 점을 써라.
3. 전압을 정의하고 전압상승과 전압강하를 구분하여라.
4. 회로시험기로 전압을 측정할 때 유의할 점을 써라.

준비물

직류전원공급기, 회로시험기, 브레드보드
저항(1kΩ, 2kΩ)

실 험

1. [그림 3-10]과 같은 회로를 브레드보드에 구성하고, 직류전류계(Ⓐ)를 직렬, 직류전압계(Ⓥ)를 병렬로 연결했을 때 전류계와 전압계의 지시값을 〈표 3-3〉에 기입하여라.

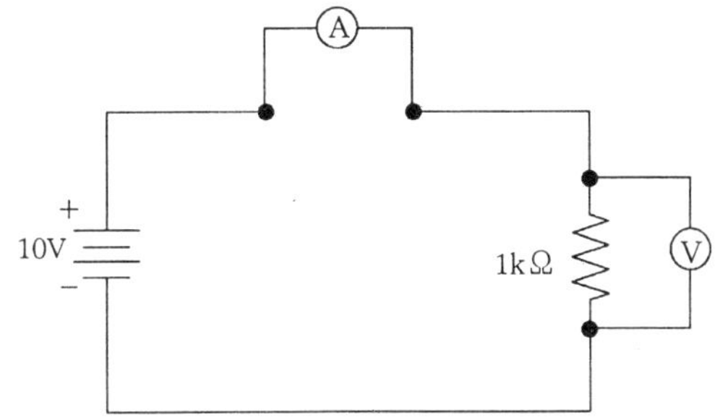

[그림 3-10]

2. [그림 3-11]과 같은 회로를 브레드보드에 구성하고, 저항양단 전압 V_1, V_2 와 각 저항에 인가된 전체전압 V_T를 측정하여 〈표 3-4〉에 기입하고, V_T와 V_s를 비교하여라.

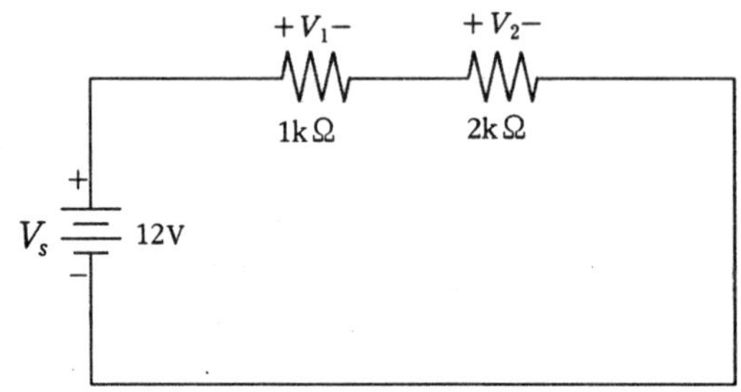

[그림 3-11]

3. [그림 3-12]와 같은 회로를 브레드보드에 구성하고, 저항에 흐르는 전류 I_1, I_2와 전원에 흐르는 전체전류 I_T를 측정하여 〈표 3-5〉에 기입하고, I_1+I_2와 비교하여라.

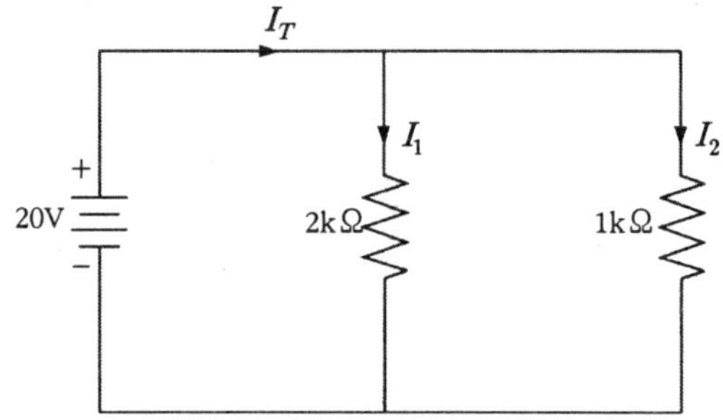

[그림 3-12]

4. [그림 3-13]과 같은 회로를 브레드보드에 구성하고, 가변전원 V_s를 〈표 3-6〉과 같이 바꾸어 가면서 주어진 각 전압값에 대한 직류전류를 측정하여 〈표 3-6〉에 기입하여라.

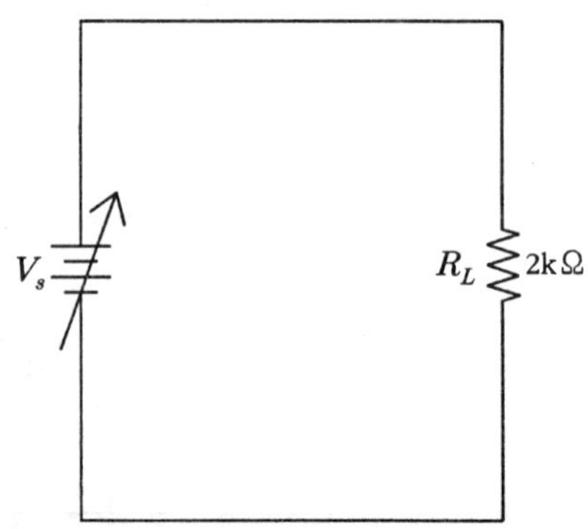

[그림 3-13]

실험결과 보고서

학과(전공)		학번		성명	
공동실험자				일자	20 년 월 일

1. 제목 : 전압 및 전류측정
2. 회로도

3. 실험결과

〈표 3-3〉 전류 및 전압측정

전류계	mA
전압계	V

〈표 3-4〉 전압 측정결과

구 분	V_1	V_2	$V_T = V_1 + V_2$	V_s
직류전압(V)				

〈표 3-5〉 전류 측정결과

구 분	I_1	I_2	$I_1 + I_2$	I_T
직류전압(mA)				

〈표 3-6〉 가변전압의 전류 측정결과

가변전원(V)	5	10	15	20	25	30
전류(mA)						

4. 실험결과에 대한 의견 및 배운 점

제 4 장

옴과 키르히호프의 법칙 및 전원

4-1 옴의 법칙

4-2 키르히호프의 법칙

4-3 전 원

- ▶ **실험 4-1** 옴의 법칙
- ▶ **실험 4-2** 키로히호프의 법칙
- ▶ **실험 4-3** 회로의 단락과 개방

4-1 | 옴의 법칙

모든 물질에는 전류가 흐를 때 전류의 흐름을 방해하는 작용이 있는데, 이 작용의 회로정수를 전기저항(electric resistance) 또는 간단히 저항(抵抗 ; resistance)이라고 부르며, 전기적인 특성이 주로 저항인 실물을 저항기(resistor)라고 배웠다.

저항의 크기를 나타내는 단위는 옴(Ohm)이고, 그것은 1[V/A]와 같으며 기호로는 그리스 문자 오메가의 대문자 [Ω]이다. 1[Ω]은 도체의 양단에 1[V]의 전압을 가할 때 1[A]의 전류가 흐르는 경우의 저항값이다. 또 저항의 역수인 $G=\frac{1}{R}$을 컨덕턴스(conductance)라 하고, 그 단위는 모(℧ ; mho)이나 최근에는 모(mho) 대신 지멘스(S ; Siemens)를 쓰기도 한다.

도체는 모두 다소의 저항을 가지고 있으며 이를 통하여 전류가 흐를 때 열이 발생된다는 것을 실험적으로 알 수 있다. 즉 저항기에서는 공급된 전기적 에너지는 모두 열로 소비되므로 전류의 방향으로 전압강하가 일어난다.

1827년 독일의 물리학자 옴(Ohm ; 1787~1854)은 도체에 흐르는 전류는 가해진 전압에 비례하고, 도체의 저항에 반비례한다는 사실을 실험적으로 밝혔는데, 이것을 옴의 법칙(Ohm's law)이라고 한다. 이 관계를 식으로 나타내면

$$\left.\begin{aligned} I&=\frac{V}{R}[\mathrm{A}] \\ V&=RI[\mathrm{V}] \\ R&=\frac{V}{I}[\Omega] \end{aligned}\right\} \tag{4-1}$$

여기서 저항 R은 하나의 비례계수이다.

또한 저항에서의 전력은 옴의 법칙을 이용하면

$$P=VI=RI^2=\frac{V^2}{R}=GV^2[\mathrm{W}] \tag{4-2}$$

예제 4-1 저항이 50[Ω]인 도체에 100[V]의 전압을 가할 때 도체에 흐르는 전류는 몇 [A]인가?

풀이 옴의 법칙에 의해

$$I=\frac{V}{R}=\frac{100}{50}=2[\mathrm{A}]$$

예제 4-2 10[Ω]의 저항에 5[A]의 전류가 흐를 때 생기는 전압강하는 몇 [V]인가?

풀이 옴의 법칙에 의해

$V = RI = 10 \times 5 = \mathbf{50}\,[\mathrm{V}]$

예제 4-3 20[Ω] 니크롬선 양단에 100[V]의 전압을 인가했을 때의 소비전력과 1분간에 소비되는 에너지를 구하여라.

풀이 $P = \dfrac{V^2}{R} = \dfrac{100^2}{20} = \mathbf{500}\,[\mathrm{W}]$

$W = Pt = 500 \times 60 = \mathbf{3 \times 10^4}\,[\mathrm{J}]$

4-2 | 키르히호프의 법칙

비교적 간단한 회로의 전류와 전압 계산은 옴의 법칙을 이용하여 손쉽게 구할 수 있다. 그러나 몇 개의 전압과 저항이 여러 형태로 조합되어 있는 복잡한 회로의 전류와 전압 계산에는 키르히호프의 2가지 법칙이 사용된다.

(1) 키르히호프의 전류법칙(KCL ; Kirchhoff's Current Law)

도선의 임의의 접합점에 유입하는 전류의 대수적 합은 0이다.
즉 접합점에서 유입하는 총전류는 유출하는 총전류와 같다.

[그림 4-1]에서 접합점 0에 유입하는 전류를 +로, 유출하는 전류를 −로 잡으면

$$I_1 - I_2 + I_3 - I_4 = 0$$

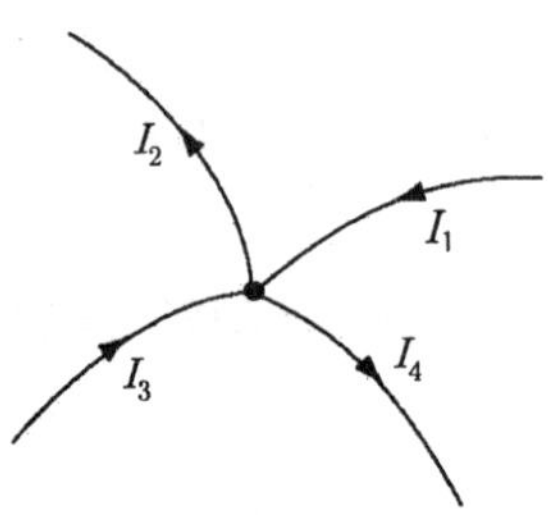

[그림 4-1] 키르히호프의 전류법칙

일반적으로

$$\sum_{k=1}^{n} I_k = 0 \tag{4-3}$$

따라서 도선의 접합점에서는 유입한 전하만큼 반드시 유출하므로 거기서는 전하가 축적될 수도 없고 발생될 수도 없다는 것을 의미한다. 이것을 전하보존의 법칙(conservation of charge)이라고 한다.

키르히호프의 전류법칙을 키르히호프의 제1법칙이라고도 하며, 영문자의 첫 자를 따서 KCL로 표기하기도 한다.

예제 4-4 [그림 4-2]에서 키르히호프의 전류법칙을 이용하여 I_4를 구하여라.

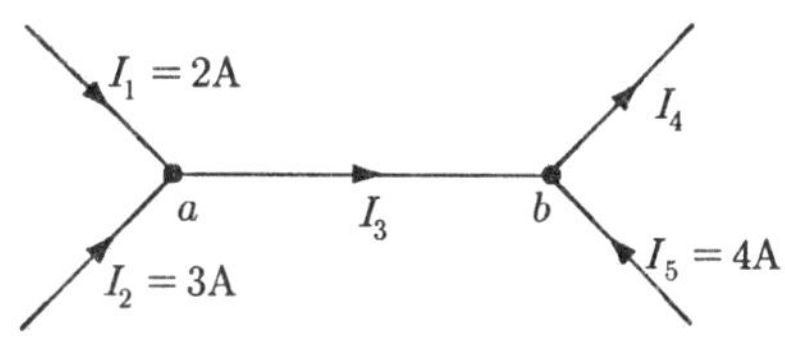

[그림 4-2]

풀이 먼저 접합점 a에서

$I_3 = I_1 + I_2 = 2 + 3 = 5[A]$

따라서 마디 b에서 I를 구하면

$I_4 = I_3 + I_5 = 5 + 4 = \mathbf{9}\,[A]$

(2) 키르히호프의 전압법칙(KVL ; Kirchhoff's Voltage Law)

임의의 폐회로에서 한 방향으로 일주하면서 취한 전압상승의 대수적 합은 각 순간에 0이다. 즉 폐회로에서 전압상승의 총합은 전압강하의 총합과 같다.

[그림 4-3]에서 시계방향으로 일주할 때 전압상승을 +, 전압강하를 −로 잡으면

$$V_1 - V_2 + V_3 - V_4 = 0$$

일반적으로

$$\sum_{k=1}^{n} V_k = 0 \tag{4-4}$$

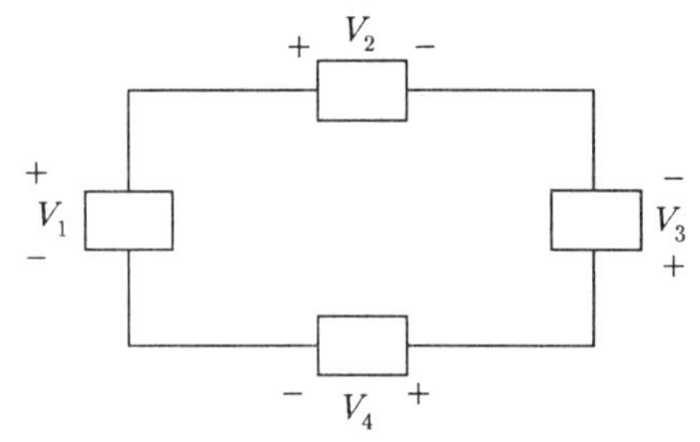

[그림 4-3] 키르히호프의 전압법칙

키르히호프의 전압법칙을 키르히호프의 제2법칙이라고도 하며, 영문자의 첫 자를 따서 KVL로 표기하기도 한다.

예제 4-5 [그림 4-4]에서 R양단의 전압 V_R의 크기와 극성을 결정하여라.

풀이 V_R의 극성을 그림과 같이 가정하고 시계방향으로 일주하면서 KVL을 적용하면

$6 - V_R + 3 - 12 = 0$

$\therefore\ V_R = -\mathbf{3}$[V]

−부호는 실제의 R양단의 전압극성이 가정했던 것과 반대임을 뜻한다.

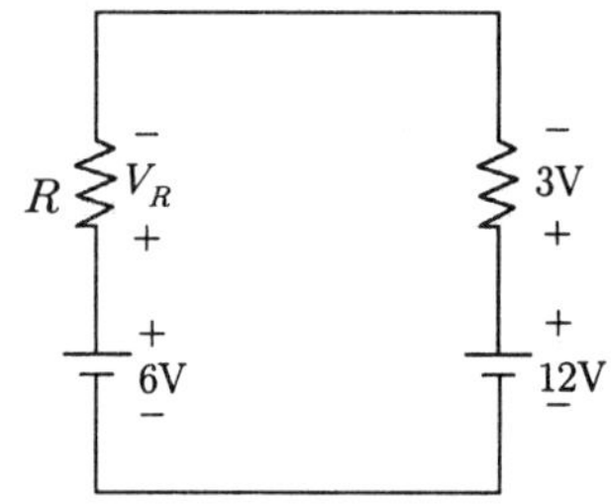

[그림 4-4]

4-3 | 전 원

축전지 · 발전기 등과 같이 전기적 에너지를 발생시키는 장치를 전원(電源; electric source)이라고 배웠다. 전원에 연결되어 전기적 에너지를 소비하는 장치를 전원에 대해서 부하(負荷; load)라고 한다.

(1) 정전압전원

개방(open) 상태에서 단락(short) 상태에 이르는 어떠한 부하에도 불구하고 그 단자에서 일정한 전압을 발생하는 이상적인 전원을 정전압전원(constant voltage source) 또는 이상적 전압전원(idel voltage source)이라고 한다.

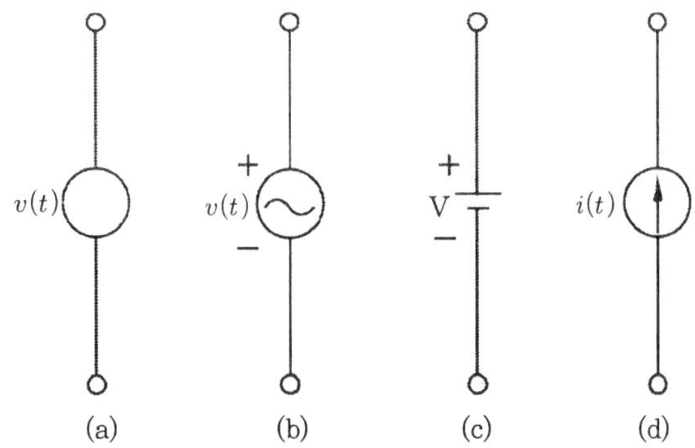

[그림 4-5] 전원의 기호

정전압전원의 일반적 기호는 [그림 4−5](a)와 같다. 특히 발생되는 전압이 정현파(sine wave)와 같은 교류(交流, AC ; Alternating Current)인 경우에는 [그림 4−5](b), 전압이 불변으로 직류(直流, DC ; Direct Current)인 경우에는 [그림 4−5](c)와 같이 표시한다.

v, V 대신에 기전력을 나타내기 위하여 e, E를 쓸 때도 있다.

(2) 정전류전원

부하의 크기에도 불구하고 그 단자에서 일정한 전류를 발생하는 이상적인 전원을 정전류전원(constant current source) 또는 이상적 전류전원(idel current source)이라고 한다. 정전류전원의 일반적 기호는 [그림 4−5](d)와 같다.

앞으로 특별한 조건이 제시되지 않는 한 전압전원, 전류전원 또는 전압원, 전류원이라 함은 정전압전원, 정전류전원을 말한다.

(3) 실제적 전원의 등가회로

[그림 4−6]과 같이 실제의 전원에 부하를 연결한 경우에는 그 단자전압은 개방전압보다 약간 떨어지게 된다. 이것은 전원 내부에서 전류에 의한 전압강하가 일

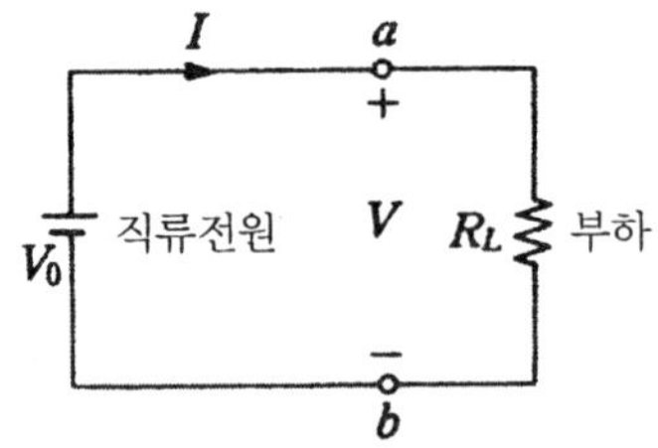

[그림 4-6] 전압원회로

어나기 때문이다. 이러한 전압강하를 일으키는 전원 내부의 저항성분을 내부저항 (internal resistance)이라고 한다.

전원단자의 개방전압을 V_0, 단락전류를 I_0라 하면 내부저항 R_0는

$$R_0 = \frac{V_0}{I_0}$$

가 되고, 그 등가회로(equivalent circuit)는 [그림 4-7]과 같이 전압전원은 내부저항을 직렬로, 전류전원은 내부저항을 병렬로 연결한 것으로 나타난다.

이 두 등가회로는 동일전원에 대한 것이므로 서로 등가이며, 단자외부에 관한 한 어느 쪽을 이용해도 좋다.

실제로 부하를 연결할 경우 부하양단의 부하전압은

$$V = V_0 - IR_0$$

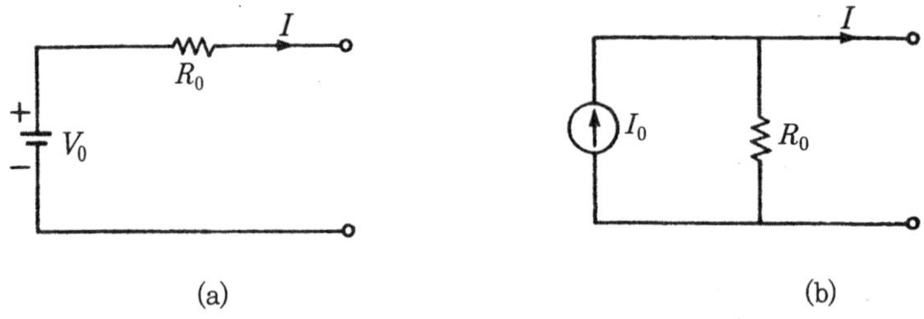

[그림 4-7] 전원의 등가회로

위 식의 양변을 I에 관한 식으로 정리하면

$$I = \frac{V_0}{R_0} - \frac{V}{R_0} = I_0 - \frac{V}{R_0} \qquad \text{단, } I_0 = \frac{V_0}{R_0}$$

가 되어, 내부저항이 존재하면 부하전압은 개방전압 V_0에서 IR_0, 부하전류는 단락전류 I_0에서 $\frac{V}{R_0}$만큼 떨어짐을 알 수 있다.

예제 4-6 [그림 4-8]과 같은 전압전원을 등가 전류전원으로 변환하여라.

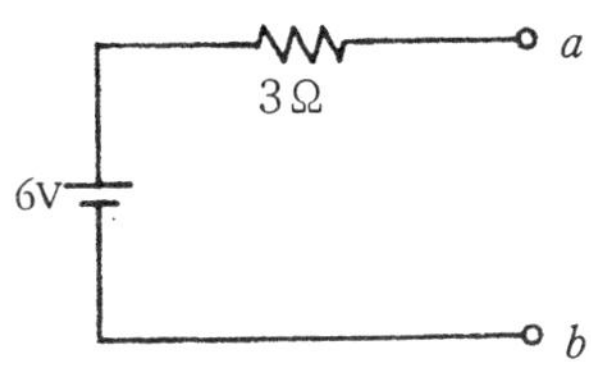

[그림 4-8]

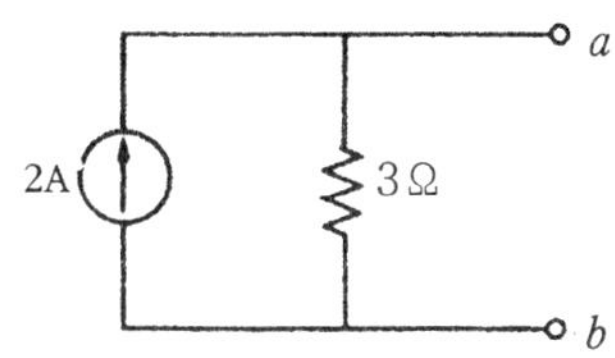

[그림 4-9]

풀이 내부저항이 3[Ω]이므로 단자 ab의 단락전류 I_0는

$$I_0 = \frac{V_0}{R_0} = \frac{6}{3} = 2\,[\mathrm{A}]$$

따라서 구하는 전류전원은 [그림 4-9]와 같다.

예제 4-7 [그림 4-10]과 같은 전류전원을 등가 전압전원으로 변환하여라.

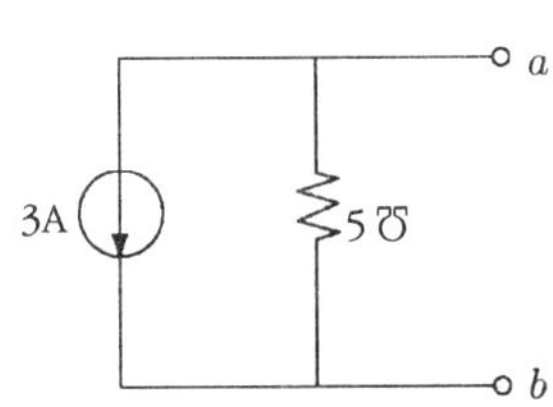

[그림 4-10]

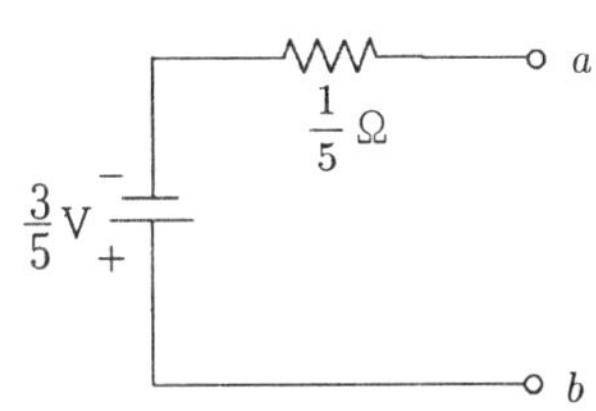

[그림 4-11]

풀이 내부 컨덕턴스가 5[℧]이므로 단자 ab의 개방전압 V_0는

$$V_0 = \frac{I_0}{G_0} = \frac{3}{5}\,[\mathrm{V}]$$

따라서 구하는 전압전원은 [그림 4-11]과 같다.

실험 4-1 옴의 법칙

목 적

옴의 법칙을 실험을 통하여 이해하고, 저항소자의 전압-전류 특성을 알아본다.

예비과제

1. 옴의 법칙에서 전압, 전류, 저항의 관계식 3개를 써라.
2. [그림 4-12]와 같은 회로에서 전압 V를 구하여라.

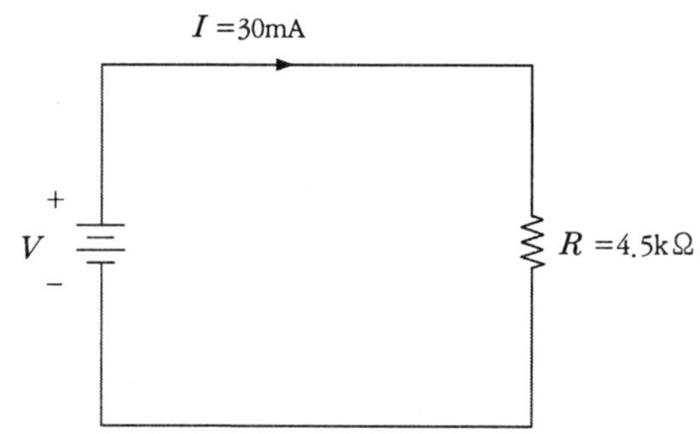

[그림 4-12]

3. 전압을 2배로 하고, 저항 $\frac{1}{2}$로 했을 때 전류의 값은 얼마인가?
4. 〈표 4-1〉, 〈표 4-2〉의 계산값을 구하고 기입하여라.

준비물

직류전원공급기, 회로시험기, 브레드보드

가변저항 (10kΩ)

실 험

1. [그림 4-13]에서 가변저항 R_L을 1[kΩ]으로 일정하게 유지하고, 전압을 5[V]에서 30[V]까지 5[V] 차이로 증가시켜 가면서 저항에 흐르는 전류를 측정하여 〈표 4-1〉에 기입하고, 그 결과를 [그림 4-14]에 나타내어라.

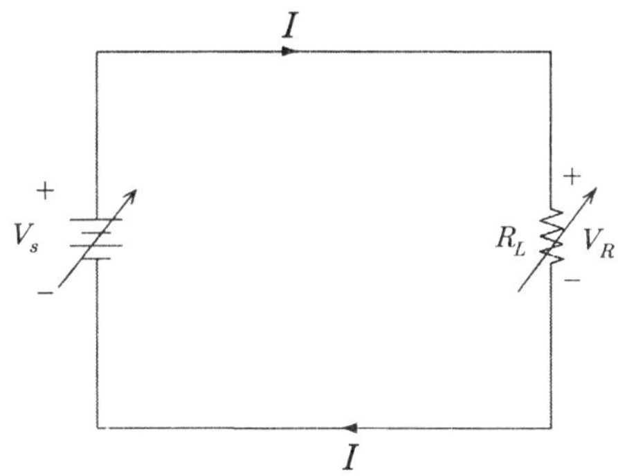

[그림 4-13]

2. [그림 4-13]에서 가변전원 V_s를 10[V]로 일정하게 유지하고 저항값을 1[kΩ]에서 10[kΩ]까지 2[kΩ]씩 증가시켰을 때 저항에 흐르는 전류를 측정하여 〈표 4-2〉에 기입하고, 그 결과를 [그림 4-15]에 나타내어라.

실험결과 보고서

학과(전공)		학번		성명	
공동실험자				일자	20 년 월 일

1. 제목 : 옴의 법칙
2. 회로도

3. 실험결과

〈표 4-1〉 가변전압에 따른 전류

가변전압(V)	5	10	15	20	25	30
계산값(mA)						
측정값(mA)						

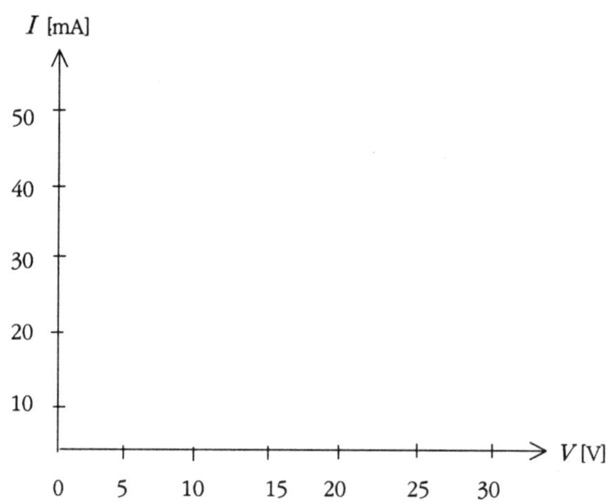

[그림 4-14] 전압과 전류의 관계곡선

〈표 4-2〉 가변저항에 따른 전류

가변전압(V)	1	2	4	6	8	10
계산값(mA)						
측정값(mA)						

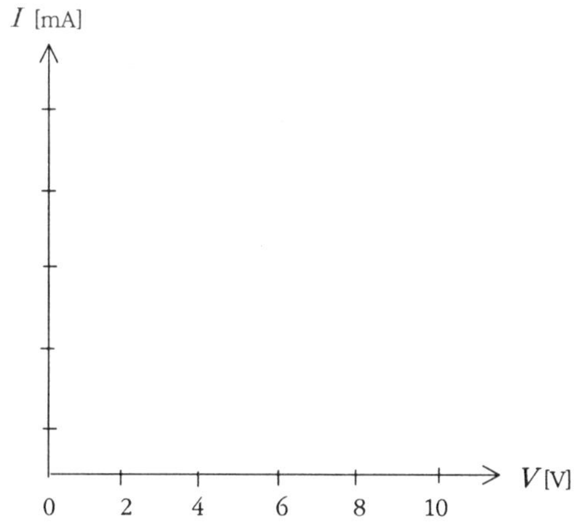

[그림 4-15] 저항과 전류의 관계곡선

4. 실험결과에 대한 의견 및 배운 점

실험 4-2 키로히호프의 법칙

목 적

회로망 해석이 기본이 되는 키르히호프의 전류와 전압법칙을 실험을 통하여 이해하고 응용할 수 있도록 한다.

예비과제

1. 키르히호프의 전류와 전압법칙을 회로 예를 들어 설명하여라.
2. [그림 4-16]과 같은 회로에서 미지전류 I_X를 구하여라.

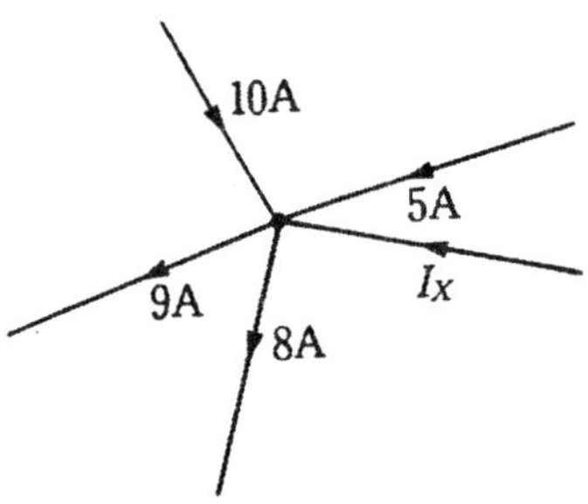

[그림 4-16]

3. [그림 4-17]과 같은 폐회로에서 소자 D 양단의 전압 V_D를 구하여라.

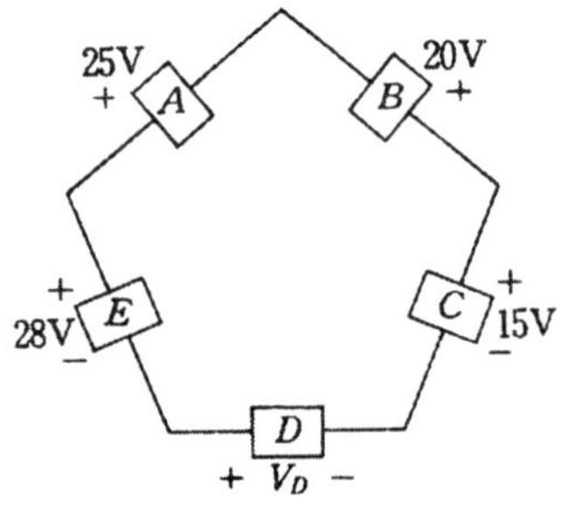

[그림 4-17]

준비물

직류전원공급기, 회로시험기, 브레드보드
저항(2kΩ, 3kΩ, 5kΩ)

실 험

1. [그림 4-18]과 같은 회로를 브레드보드에 구성하고, 각 저항에 흐르는 전류 I_1, I_2 및 I_3 측정하여 〈표 4-3〉에 기입하여라.

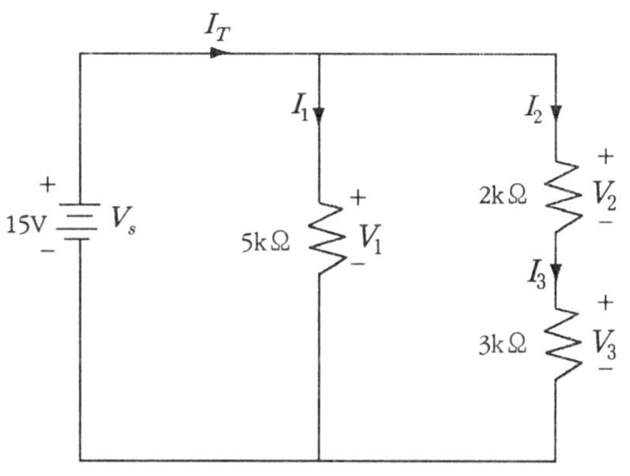

[그림 4-18]

2. [그림 4-18]과 같은 회로에서 각 저항양단의 전압 V_1, V_2, V_3를 측정하여 〈표 4-4〉에 기입하여라.

실험결과 보고서

학과(전공)		학번		성명	
공동실험자				일자	20 년 월 일

1. 제목 : 키르히호프의 법칙
2. 회로도

3. 실험결과

〈표 4-3〉 전류 측정결과

구분	I_1	I_2	I_3	I_1+I_2	I_T
전류(mA)					

〈표 4-4〉 전압 측정결과

구분	V_1	V_2	V_3	V_2+V_3	V_T
전압(V)					

4. 실험결과에 대한 의견 및 배운 점

실험 4-3 회로의 단락과 개방

목 적

저항회로에서 단락과 개방의 의미를 파악하고, 단락과 개방시에 전기적 특성을 알아본다.

예비과제

1. 개방(open)상태에서 저항, 전압, 전류의 값은 얼마인가?
2. 단락(short)상태에서 저항, 전압, 전류의 값은 얼마인가?

준비물

직류전원공급기, 회로시험기, 브레드보드
저항(1kΩ 3개)

실 험

1. 브레드보드에 [그림 4-19]와 같은 회로를 구성하고, SW개방상태에서 SW양단, R_1, R_2 및 R_3 양단의 전압을 측정하여 〈표 4-5〉에 기입하여라.

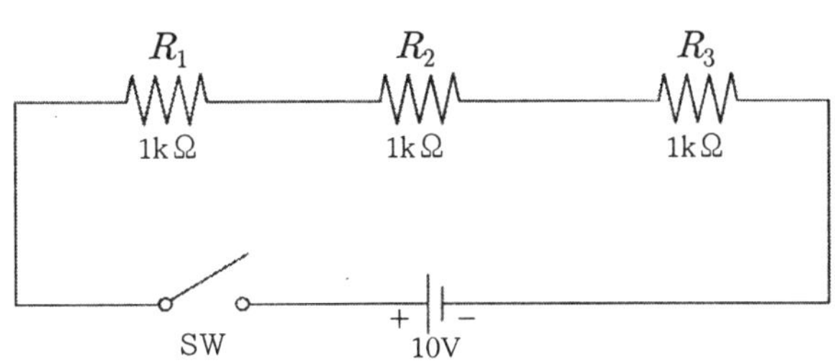

[그림 4-19]

2. [그림 4−19]에서 SW를 닫은 단락상태에서 SW양단과 R_1, R_2, R_3 양단의 전압을 측정하여 〈표 4-5〉에 기입하여라.

3. [그림 4-20]과 같이 도선으로 R_3 양단을 단락시킨 후 R_1, R_2, R_3 양단의 전압을 측정하여 〈표 4-5〉에 기입하여라.

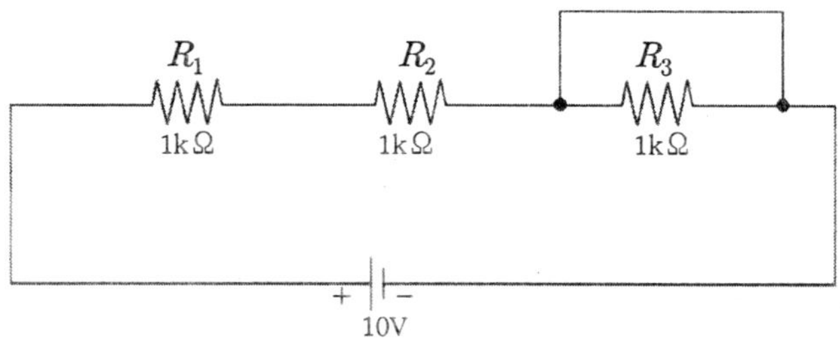

[그림 4-20]

실험결과 보고서

학과(전공)		학번		성명	
공동실험자				일자	20 년 월 일

1. 제목 : 회로의 단락과 개방
2. 회로도

3. 실험결과

〈표 4-5〉 개방과 단락에서 전압 측정결과

SW 상태 / 전 압	SW 개방상태	SW 단락상태	R_3 단락
SW 양단 전압			
R_1 양단 전압			
R_2 양단 전압			
R_3 양단 전압			

4. 실험결과에 대한 의견 및 배운 점

제 5 장

직류 저항회로

5-1 | 직렬회로

[그림 5-1](a)와 같이 저항을 일렬로 연결하는 것을 직렬연결이라 하고, 저항과 전원 등이 직렬로 연결되어 있는 회로를 직렬회로(series circuit)라고 하는데, 각 저항에 흐르는 전류는 모두 같다.

(1) 합성저항

[그림 5-1](a)와 같이 2개의 저항이 직렬로 연결된 회로에 각 저항 R_1, R_2 양단의 전압은 옴의 법칙과 키르히호프의 전압법칙을 적용하면 전원전압 V는

$$V = V_1 + V_2 = R_1 I + R_2 I = (R_1 + R_2) I$$

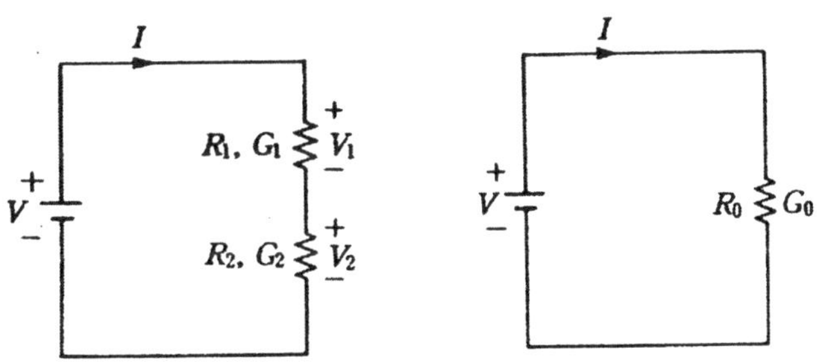

(a) (b)

[그림 5-1] 직렬회로

또 [그림 5-1](a)의 등가회로(equivalent circuit)가 [그림 5-1](b)일 때 합성저항(combined resistance), 즉 등가저항(equivalent resistance) R_0는

$$V = R_0 I$$

$$I = \frac{V}{R_0}$$

따라서 위 두 식의 관계로부터

$$R_0 = R_1 + R_2$$

일반적으로 n개의 저항이 직렬연결된 경우의 합성저항은

$$R_0 = R_1 + R_2 + \cdots\cdots + R_n \quad = \sum_{K=1}^{n} R_K \tag{5-1}$$

이와 같이 저항의 직렬연결에서 합성저항은 가장 큰 저항값보다 크게 증가한다.

(2) 합성컨덕턴스

[그림 5-1]에서 합성저항 R_0, 합성컨덕턴스 G_0는

$$R_0 = R_1 + R_2$$

$$\frac{1}{G_0} = \frac{1}{G_1} + \frac{1}{G_2}$$

따라서

$$G_0 = \frac{1}{\dfrac{1}{G_1} + \dfrac{1}{G_2}} = \frac{G_1 \times G_2}{G_1 + G_2}$$

일반적으로 n개의 컨덕턴스가 직렬로 연결된 경우

$$G_0 = \frac{1}{\dfrac{1}{G_1} + \dfrac{1}{G_2} + \dots + \dfrac{1}{G_n}} = \frac{1}{\displaystyle\sum_{K=1}^{n} \frac{1}{G_K}} \tag{5-2}$$

이와 같이 컨덕턴스의 직렬연결에서 합성컨덕턴스는 가장 작은 컨덕턴스값보다 작게 감소한다.

또한 [그림 5-1]에서 V와 I의 관계식은

$$V = R_0 I = \frac{I}{G_0}$$

$$I = \frac{V}{R_0} = G_0 V$$

(3) 전압분배의 법칙

각 저항에서의 전압강하는 저항에 비례한다. 예컨대 [그림 5-1](a)에서

$$I = \frac{V}{R_0} = \frac{V}{R_1 + R_2}$$

$$V_1 = IR_1 = V \times \frac{R_1}{R_1 + R_2}$$

$$V_2 = IR_2 = V \times \frac{R_2}{R_1 + R_2}$$

로서 V_1과 V_2의 크기의 분배는 R_1, R_2에 비례한다. 즉 입력전압은 각각의 저항에 비례하여 분배된다. 이것을 전압분배의 법칙(rule voltage division)이라 한다.

일반적으로 n개의 저항이 직렬연결된 경우

$$V_K = V \times \frac{R_K}{R_1 + R_2 + \cdots + R_n} = V \times \frac{R_K}{R_0} \quad (5\text{-}3)$$

단, $K = 1, 2, 3, \ldots, n$

예제 5-1 [그림 5-2]의 회로에서 합성저항 R_0, 전류 I 및 전압 V_1, V_2, V_3를 구하여라.

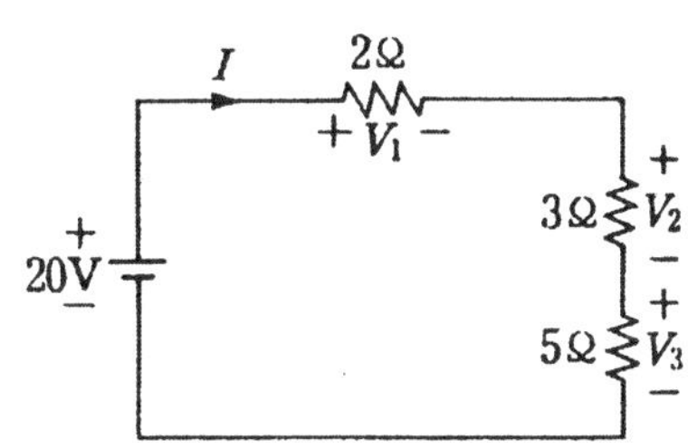

[그림 5-2]

풀이 합성저항 R_0는

$R_0 = 2 + 3 + 5 = 10\,[\Omega]$

전류 I는

$I = \frac{V}{R} = \frac{20}{10} = \mathbf{2}\,[A]$

전압 V_1, V_2, V_3는

$V_1 = 2 \times 2 = \mathbf{4}\,[V]$

$V_2 = 3 \times 2 = \mathbf{6}\,[V]$

$V_3 = 5 \times 2 = \mathbf{10}\,[V]$

예제 5-2 $R_1=5[\Omega]$, $R_2=10[\Omega]$, $R_3=15[\Omega]$을 직렬로 연결하고, 이것에 $V=90[V]$의 전압을 가했을 때 각 저항에 걸리는 전압 V_1, V_2, V_3를 구하여라.

풀이 전압분배의 법칙에 의해서

$$V_1=90\times\frac{5}{5+10+15}=90\times\frac{5}{30}=\mathbf{15}\ [V]$$

$$V_2=90\times\frac{10}{30}=\mathbf{30}\ [V]$$

$$V_3=90\times\frac{15}{30}=\mathbf{45}\ [V]$$

5-2 | 병렬회로

[그림 5-3](a)와 같이 저항의 양 끝을 각각 한 곳에서 연결하여 저항이 나란히 연결된 것을 병렬연결이라고 하고, 이와같이 연결된 회로를 병렬회로(parallel circuit)라 하는데, 각 저항 양단의 전압은 전원전압과 같고 일정하다.

(1) 합성컨덕턴스

[그림 5-3](a)와 같이 2개의 저항이 병렬로 연결된 회로에 각 저항 R_1, R_2에 흐르는 전류는 옴의 법칙과 키르히호프의 전류법칙을 적용하면 전체전류 I는

$$I=I_1+I_2=G_1V+G_2V=(G_1+G_2)V$$

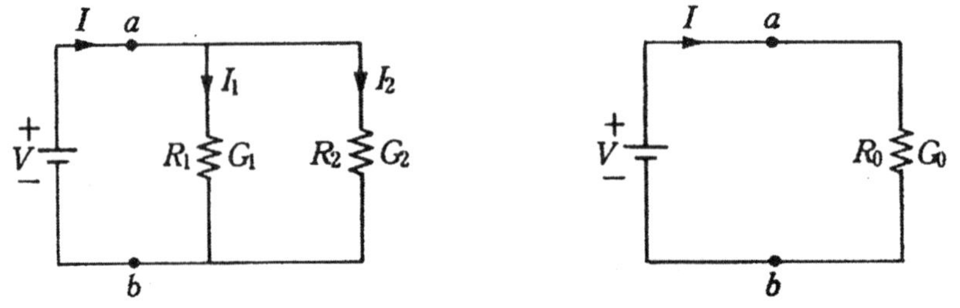

(a) (b)

[그림 5-3]

또 [그림 5-4](b)의 합성컨덕턴스 G_0는

$$I = G_0$$

따라서 위 두 식의 관계로부터

$$G_0 = G_1 + G_2$$

일반적으로 n개의 컨덕턴스가 병렬연결된 경우의 합성컨덕턴스는

$$G_0 = G_1 + G_2 + \cdots + G_n = \sum_{K=1}^{n} G_K \tag{5-4}$$

이와 같이 컨덕턴스의 병렬연결에서 합성컨덕턴스는 가장 큰 컨덕턴스 값보다 크게 증가한다.

(2) 합성저항

[그림 5-3]에서 합성컨덕턴스 G_0, 합성저항 R_0는

$$G_0 = G_1 + G_2$$

$$\frac{1}{R_0} = \frac{1}{R_1} + \frac{1}{R_2}$$

따라서

$$R_0 = \frac{1}{\frac{1}{R_1} + \frac{1}{R_2}} = \frac{R_1 \times R_2}{R_1 + R_2}$$

일반적으로 n개의 저항이 병렬로 연결된 경우

$$\boldsymbol{R_0} = \frac{1}{\frac{1}{R_1} + \frac{1}{R_2} + \cdots + \frac{1}{R_n}} = \frac{1}{\sum_{K=1}^{n} \frac{1}{R_K}} \tag{5-5}$$

이와 같이 저항의 병렬연결에서 합성저항은 가장 작은 저항값보다 작게 감소한다.

(3) 전류분배의 법칙

[그림 5-3](a)와 같은 병렬회로의 각 저항에 전류가 흘러들어오면 전류는 각 컨덕턴스의 크기에는 비례하고, 각 저항의 크기에는 반비례하므로

$$I_1 = I \times \frac{G_1}{G_1 + G_2}, \qquad I_2 = I \times \frac{G_2}{G_1 + G_2}$$

또는

$$I_1 = I \times \frac{R_2}{R_1 + R_2}, \qquad I_2 = I \times \frac{R_1}{R_1 + R_2}$$

로서 I_1과 I_2의 크기의 분배는 G_1, G_2에 비례한다. 즉 입력전류는 각각의 컨덕턴스에 비례하여 분배된다. 이것을 전류분배의 법칙(rule of current division)이라고 한다. 일반적으로 n개의 컨덕턴스가 병렬연결된 경우

$$I_K = I \times \frac{G_K}{G_1 + G_2 + \cdots + G_n} = I \times \frac{G_K}{G_0} \qquad (5\text{–}6)$$

단, $K = 1, 2, 3, \ldots, n$

예제 5-3 [그림 5-4]에서 $R_1 = 10[\Omega]$, $R_2 = 20[\Omega]$, $I = 3[\text{A}]$이라면 I_1과 I_2는 각각 몇 [A]인가?

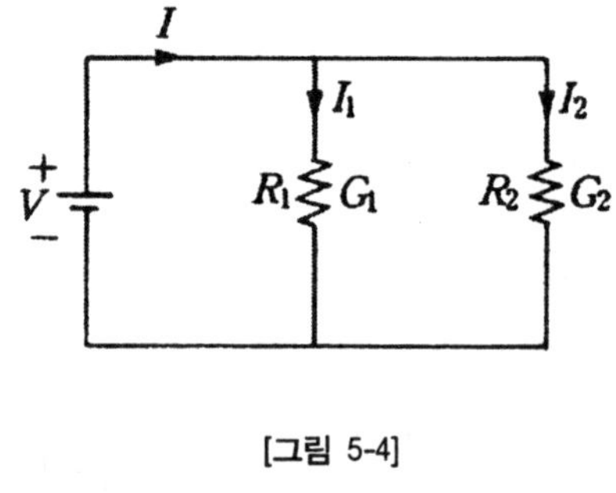

[그림 5-4]

풀이 전류분배의 법칙으로부터

$$I_1 = I \times \frac{R_2}{R_1 + R_2} = 3 \times \frac{20}{10 + 20} = 2[\text{A}]$$

$$I_2 = I \times \frac{R_1}{R_1 + R_2} = 3 \times \frac{10}{10+20} = \mathbf{1}\ [\mathrm{A}]$$

예제 5-4 [그림 5-4]에서 2개의 저항 $R_1 = 4[\Omega]$, $R_2 = 1[\Omega]$이고 전압전원 V가 10[V]일 때 전류 I_1, I_2 및 전체전류 I를 구하여라.

풀이 $I_1 = \frac{V}{R_1} = \frac{10}{4} = \mathbf{2.5}\ [\mathrm{A}]$, $\quad I_2 = \frac{V}{R_2} = \frac{10}{1} = \mathbf{10}\ [\mathrm{A}]$

$\therefore I = I_1 + I_2 = 2.5 + 10 = \mathbf{12.5}\ [\mathrm{A}]$

예제 5-5 [그림 5-5]에서 $R_1 = 10[\Omega]$, $R_2 = 5[\Omega]$, $R_3 = 2[\Omega]$일 때 I_1, I_2, I_3를 구하여라.

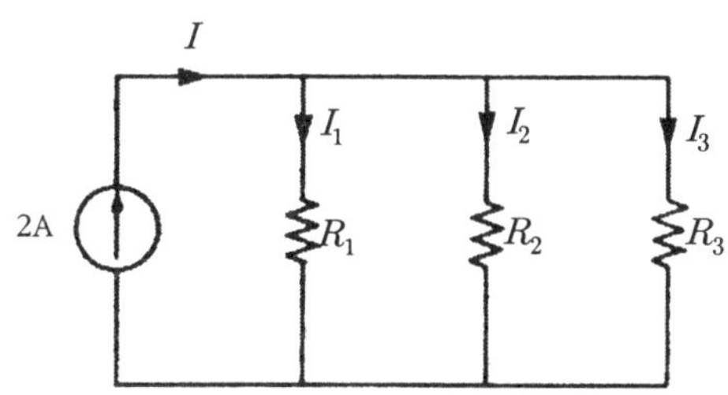

[그림 5-5]

풀이 저항을 컨덕턴스로 바꾸면

$$G_1 = \frac{1}{R_1} = \frac{1}{10} = 0.1[\mho]$$

$$G_2 = \frac{1}{R_2} = \frac{1}{5} = 0.2[\mho]$$

$$G_3 = \frac{1}{R_3} = \frac{1}{2} = 0.5[\mho]$$

따라서 합성컨덕턴스 G_0는

$$G_0 = G_1 + G_2 + G_3 = 0.1 + 0.2 + 0.5 = 0.8[\mho]$$

따라서

$$I_1 = I \times \frac{G_1}{G_0} = 2 \times \frac{0.1}{0.8} = \mathbf{0.25}\ [\mathrm{A}]$$

$$I_2 = I \times \frac{G_2}{G_0} = 2 \times \frac{0.2}{0.8} = \mathbf{0.5}\ [\mathrm{A}]$$

$$I_3 = I \times \frac{0.5}{0.8} = 2 \times \frac{0.5}{0.8} = \mathbf{1.25}\ [\mathrm{A}]$$

5-3 | 직병렬회로

한 예로서 [그림 5-6]과 같이 직렬접속과 병렬접속을 조합한 회로를 직병렬회로(series-parallel circuit)라고 한다.

[그림 5-6]의 직병렬회로에서 모든 전류, 전압의 분포를 구해보자.

먼저 합성저항 R_0는

$$R_0 = R_1 + \frac{R_2 R_3}{R_2 + R_3} = \frac{R_1 R_2 + R_2 R_3 + R_3 R_1}{R_2 + R_3}$$

다음 전체전류 I_1은

$$I_1 = \frac{V}{R_0} = V \cdot \frac{R_2 + R_3}{R_1 R_2 + R_2 R_3 + R_3 R_1}$$

또 I_2, I_3는 각각

$$I_2 = I_1 \cdot \frac{R_3}{R_2 + R_3}, \qquad I_3 = I_1 - I_2$$

전압의 분포는 저항에 지로전류를 곱하여 간단히 구할 수 있다.

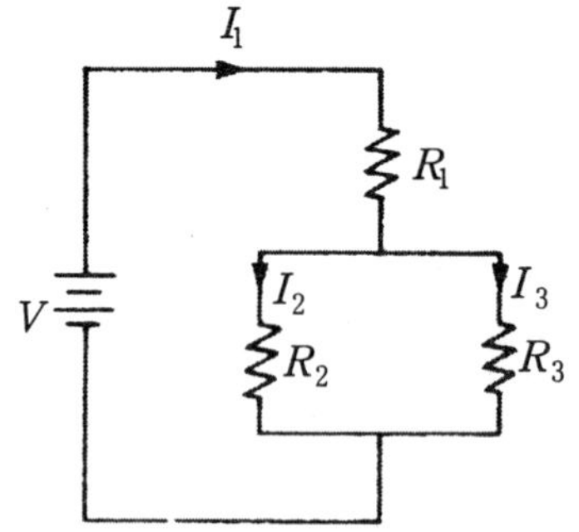

[그림 5-6]

예제 5-6 [그림 5-7]과 같은 회로에서 전류 I_1, I_2를 구하여라.

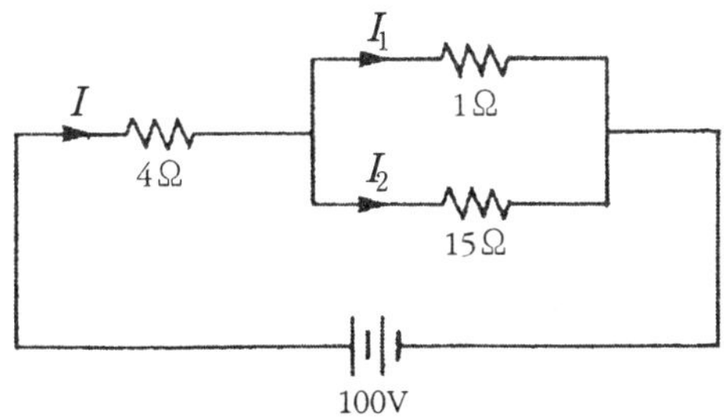

[그림 5-7]

풀이 합성저항 R_0는

$$R_0 = 4 + \frac{10 \times 15}{10+15} = 10[\Omega]$$

전체전류 I는

$$I = \frac{V}{R_0} = \frac{100}{10} = 10\,[\mathrm{A}]$$

따라서 10[Ω]의 저항에 흐르는 전류 I_1은

$$I_1 = I \cdot \frac{R_2}{R_1+R_2} = 10 \times \frac{15}{10+15} = \mathbf{6}\,[\mathrm{A}]$$

$$I_2 = 10 - 6 = \mathbf{4}\,[\mathrm{A}]$$

5-4 | 전위의 평형

전기회로에 전압이 가해져 있는 데에도 전기회로의 두 점 사이의 전위차가 0이 되는 경우가 있는데, 이 경우 두 점의 전위가 평형(balance)되어 있다고 한다.

[그림 5-8]과 같이 전지가 접속되어 있을 때 단자 1, 6의 전위는 대지전위(0전위)인 0[V]이고, 단자 2, 3, 4, 7, 8의 전위는 대지전위보다 높은 1.5[V], 3[V], 4.5[V], 1.5[V], 4.5[V]이다.

또한 단자 5는 대지전위보다 낮은 전위에 있고 −1.5[V]의 전위를 가진다.

그림에서 임의의 2개의 단자 사이의 전위차는 다음과 같이 구할 수 있다.

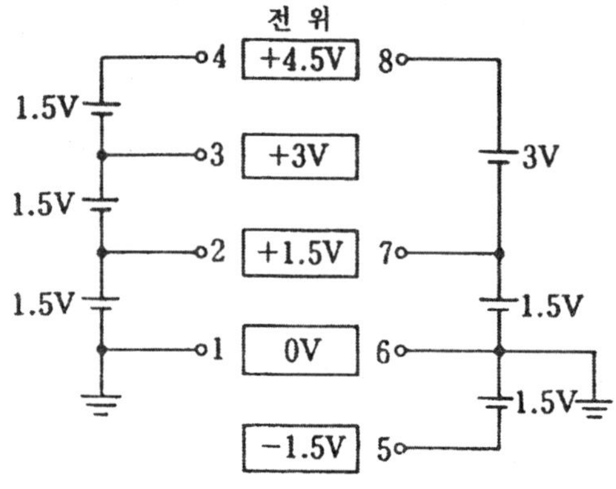

[그림 5-8]

단자 1의 전위가 V_1[V], 단자 2의 전위가 V_2[V]인 경우 단자 2와 1 사이의 전위차 V_{21}은

$$V_{21} = V_2 - V_1 \ [\mathrm{V}]$$

예컨대 단자 8과 3 사이의 전위차는

$$V_{83} = V_8 - V_3 = 4.5 - 3 = 1.5 \ [\mathrm{V}]$$

단자 2와 5 사이의 전위차는

$$V_{25} = V_2 - V_5 = 1.5 - (-1.5) = 3 \ [\mathrm{V}]$$

이때 단자 2와 7 사이의 전위차는 0[V]이고, 두 단자는 같은 전위 또는 평형되어 있다고 한다.

예제 5-7 [그림 5-8]에서 단자 4, 8의 전위와 단자 4와 8 사이의 전위차는 얼마이며, 또 단자 4와 5 사이의 전위차는 얼마인가?

풀이 각 점의 전위는 그림에서와 같이

$V_4 = 1.5 + 1.5 + 1.5 = 4.5$ [V], $V_8 = 1.5 + 3 = 4.5$ [V]

이므로 전위차는

$V_{48} = V_4 - V_8 = 4.5 - 4.5 = \mathbf{0}$ [V]

또한 단자 6을 기준으로 하여 단자 5의 전위가

$V_5 = -1.5$ [V]이므로

$V_{45} = V_4 - V_5 = 4.5 - (-1.5) = \mathbf{6}$ [V]

5-5 | 휘트스톤 브리지

전기적인 양을 측정하는 데 브리지회로(bridge circuit)가 널리 사용되고 있다.

미지의 저항을 측정하는 휘트스톤 브리지(Wheatstone bridge), 인덕턴스를 측정하는 맥스웰 브리지(Maxwell bridge), 주파수를 측정하는 데 이용되는 윈 브리지(Wien bridge) 등 여러 가지 브리지회로 가운데 이 절에서는 휘트스톤 브리지 회로에 대해서 알아보자.

[그림 5-9]에서 G는 검류계로 미소전류의 흐름을 검출하는 일종의 전류계이다.

그림에서 검류계 G를 흐르는 전류가 0일 때 브리지회로는 평형상태가 되었다고 하며, 이때 절점 c와 d의 전위는 같다.

따라서 R_1과 R_2, R_3와 R_4의 전압강하는 같으므로 다음과 같은 관계식이 성립한다.

$$R_1 I_1 = R_2 I_2, \qquad R_3 I_1 = R_4 I_2$$

두 식의 관계로부터

$$\frac{R_1}{R_2} = \frac{R_3}{R_4}, \quad R_1 R_4 = R_2 R_3 \tag{5-7}$$

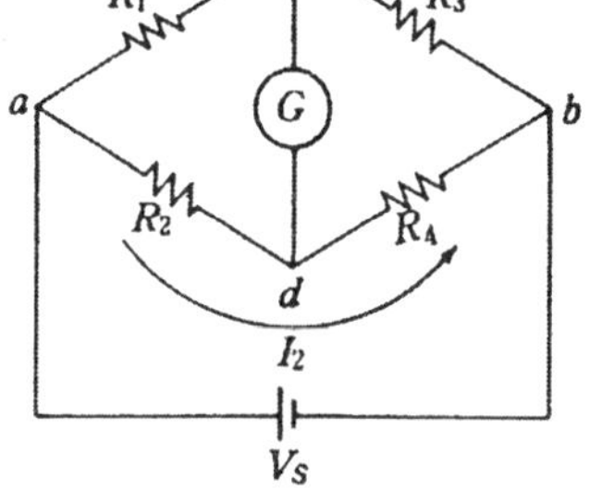

[그림 5-9]

와 같이 마주보고 있는 저항의 곱은 서로 같다. 이것이 브리지회로의 평형조건이다. 따라서 R_4는 미지저항이고 R_1, R_2, R_3의 값은 알고 있는 저항이라 하면

$$R_4 = \frac{R_2}{R_1} R_3$$

의 관계에서 미지저항 R_4의 값을 알 수 있다. 이 휘트스톤 브리지는 0.5[Ω]~10^5[Ω] 정도의 중저항의 측정에 널리 사용되고 있다.

예제 5-8 [그림 5-9]에서 $R_1 = 100$[Ω], $R_2 = 10$[Ω], $R_3 = 50$[Ω]일 때의 R_4는 몇 [Ω]인가? 단, 검류계 G의 지시는 0이다.

풀이 브리지의 평형조건으로부터

$100R_4 = 10 \times 50$

$\therefore\ R_4 = \frac{500}{100} = 5$[Ω]

예제 5-9 [그림 5-10]의 브리지회로에서 합성저항 R_0와 전체전류 I는 얼마인가? 단, 저항의 단위는 [Ω]이다.

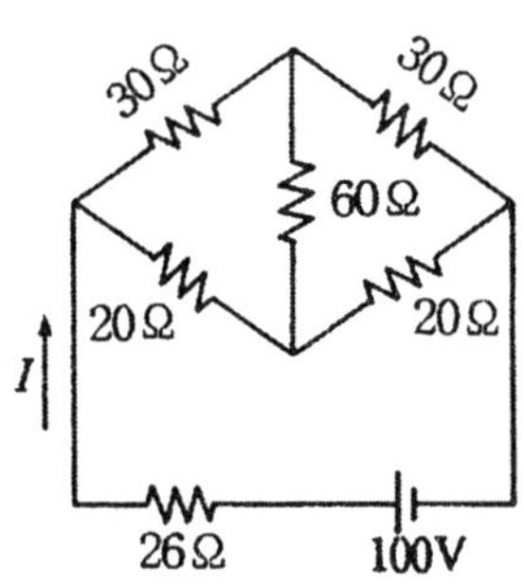

[그림 5-10]

풀이 브리지가 평형상태이기 때문에 60[Ω]의 저항은 개방상태이므로

$$R_0 = 26 + \frac{(30+30)\times(20+20)}{(30+30)+(20+20)} = 50[\Omega]$$

$$I = \frac{V}{R_0} = \frac{100}{50} = 2[\text{A}]$$

실험 5-1 직렬회로

목 적

저항의 직렬회로에서 합성저항, 저항을 흐르는 전류, 전압은 구하고, 키르히호프의 전압법칙, 전압분배법칙 및 옴의 법칙을 실험을 통하여 익히고 응용할 수 있는 능력을 기른다.

예비과제

1. 직렬회로가 $R_1 = 6[\Omega]$, $R_2 = 13[\Omega]$, $R_3 = 9[\Omega]$, $R_4 = 10[\Omega]$, $R_5 = 140$인 5개의 저항을 포함하고 있다. 합성저항을 구하여라.
2. [그림 5-11]과 같은 회로에서 전압분배법칙을 적용하여 저항양단 전압 V_1, V_2, V_3를 구하여라.

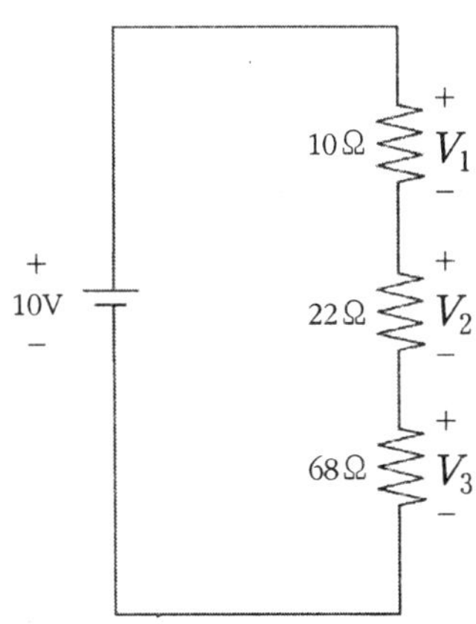

[그림 5-11]

3. 〈표 5-1〉의 계산값을 구하고 기입하여라.

준비물

직류전원공급기, 회로시험기, 브레드보드
저항(500Ω, 1kΩ, 3kΩ)

실 험

1. [그림 5-12]와 같은 직렬회로를 브레드보드에 구성하고, 저항양단의 전압 V_1, V_2, V_3와 전류 I_1, I_2, I_3를 측정하여 〈표 5-1〉에 기입하여라.

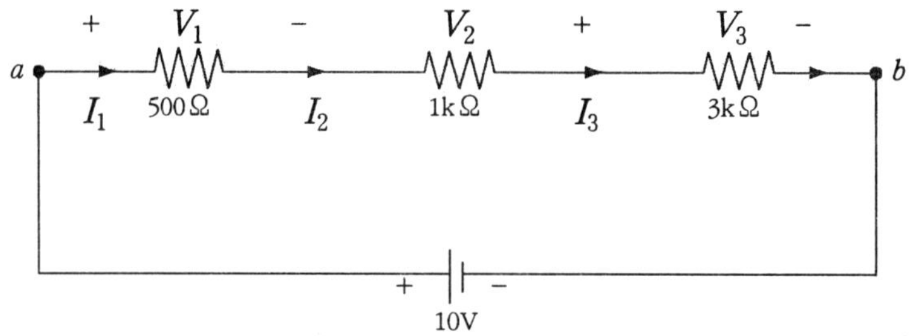

[그림 5-12]

실험결과 보고서

학과(전공)		학번		성명	
공동실험자				일자	20 년 월 일

1. 제목 : 직렬회로
2. 회로도

3. 실험결과

〈표 5-1〉 직렬회로에서 전류와 전압

구 분	I_1	I_2	I_3	V_1	V_2	V_3	$V_1 + V_2 + V_3$	V_{ab}	합성저항
계산값									
측정값									

4. 실험결과에 대한 의견 및 배운 점

실험 5-2 병렬회로

목 적

저항의 병렬회로에서 합성저항, 합성컨덕턴스, 저항이 흐르는 전류를 구하고, 키르히호프의 전류법칙, 전류분배법칙 및 옴의 법칙은 실험을 통하여 익히고, 이를 응용할 수 있는 능력을 기른다.

예비과제

1. 각 저항값이 2[Ω], 4[Ω], 6[Ω]인 3개의 저항이 병렬로 연결되어 있다. 합성저항을 구하여라.
2. [그림 5-13]과 같은 회로에서 전류분배법칙을 적용하여 저항에서 흐르는 전류 I_1, I_2, I_3를 구하여라.

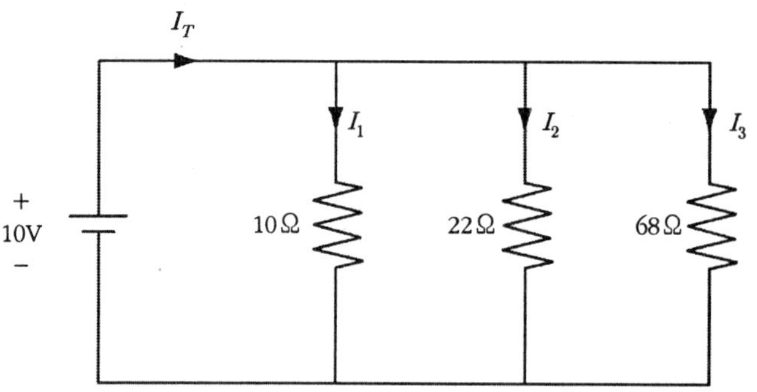

[그림 5-13]

3. 〈표 5-2〉의 계산값을 구하고 기입하여라.

준비물

직류전원공급기, 회로시험기, 브레드보드

저항(500Ω, 1kΩ, 3kΩ)

실 험

1. [그림 5-14]와 같은 병렬회로를 브레드보드에 구성하고, 각 저항에 흐르는 전류 I_1, I_2, I_3와 각 저항에 걸리는 전압을 측정하여 〈표 5-2〉에 기입하여라.

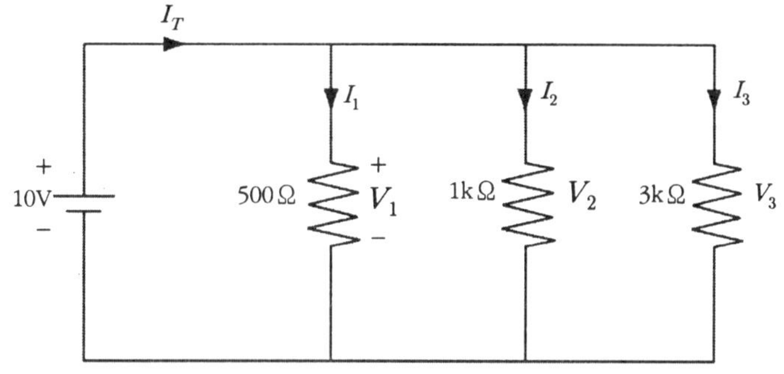

[그림 5-14]

실험결과 보고서

학과(전공)		학번		성명	
공동실험자				일자	20 년 월 일

1. 제목 : 병렬회로
2. 회로도

3. 실험결과

〈표 5-2〉 병렬회로에서 전압과 전류

구 분	V_1	V_2	V_3	I_1	I_2	I_3	$I_1+I_2+I_3$	I_T	합성저항
계산값									
측정값									

4. 실험결과에 대한 의견 및 배운 점

실험 5-3 직병렬회로

목 적

저항의 직병렬회로에서 합성저항, 저항양단 전압, 저항을 흐르는 전류, 전류와 전압의 분배법칙 및 옴의 법칙의 적용을 알아본다.

예비과제

1. [그림 5-15]와 같은 회로에서 합성저항 R_T와 회로에 흐르는 전류 I_1, I_2, I_3를 구하여라.

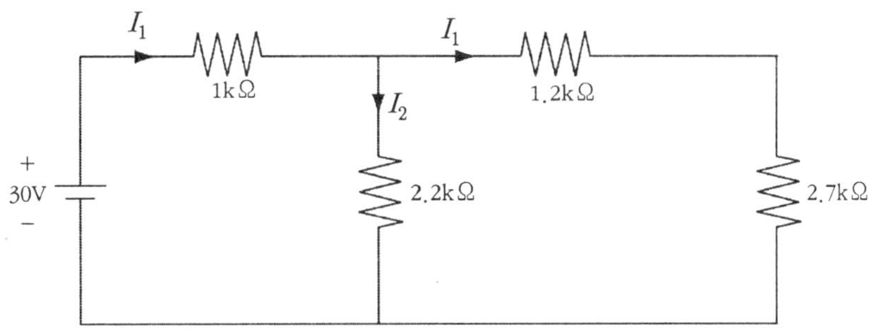

[그림 5-15]

2. 〈표 5-3〉, 〈표 5-4〉의 계산값을 구하고 기입하여라.

준비물

직류전원공급기, 회로시험기, 브레드보드

저항 (400Ω, 500Ω 2개, 1kΩ, 3kΩ)

실 험

1. [그림 5-16]과 같은 직병렬회로를 브레드보드에 구성하고 각 저항에 걸리는 전압 V_1, V_2, V_3를 측정하여 〈표 5-3〉, 각 저항에 흐르는 전류 I_1, I_2, I_3를 측정하여 〈표 5-4〉에 기입하여라.

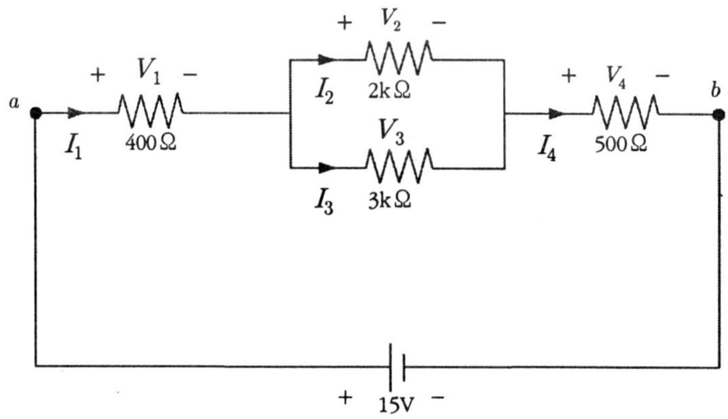

[그림 5-16]

실험결과 보고서

학과(전공)		학번		성명	
공동실험자				일자	20 년 월 일

1. 제목 : 직병렬회로
2. 회로도

3. 실험결과

〈표 5-3〉 직병렬회로에서 전압

구 분	V_1	V_2	V_4	$V_1+V_2+V_4$	V_{ab}
계산값					
측정값					

〈표 5-4〉 직병렬회로에서 전류

구 분	I_1	I_2	I_3	I_2+I_3	I_4
계산값					
측정값					

4. 실험결과에 대한 의견 및 배운 점

실험 5-4 휘트스톤 브리지

목 적

휘트스톤 브리지의 원리를 이해하고, 실험을 통하여 저항측정 방법을 익히고, 이를 응용할 수 있는 능력을 기른다.

예비과제

1. 휘트스톤 브리지회로의 평형상태 및 평형조건에 대해서 써라.
2. 휘트스톤 브리지회로에 의한 미지저항의 측정방법에 대해서 써라.
3. [그림 5-17]과 같은 브리지회로에서 검류계의 지시값 $G=0$일 때 미지저항 R_X의 값을 구하여라.

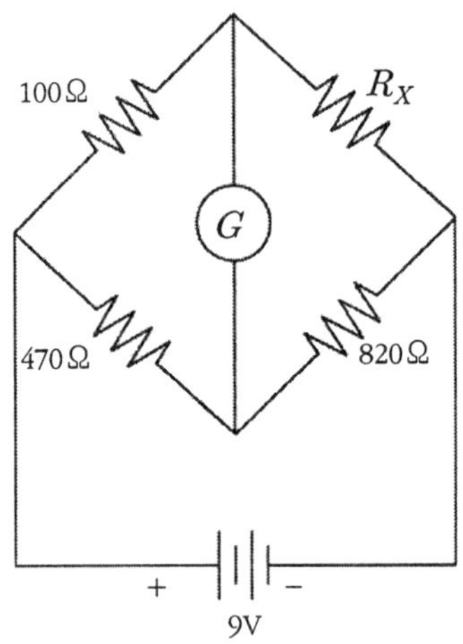

[그림 5-17]

준비물

직류전원공급기, 회로시험기, 브레드보드
가변저항(10kΩ)
고정저항(저항값 3kΩ 이하 10개)

실 험

1. [그림 5-18]과 같은 브리지회로를 브레드보드에 구성하고, a, b에 전압계 단자를 연결하고, 10[kΩ]의 가변저항 R_V를 조정하여 $V_{bc}=0$가 되도록 맞춘다. (R_1, R_2, R_X는 임의의 저항)

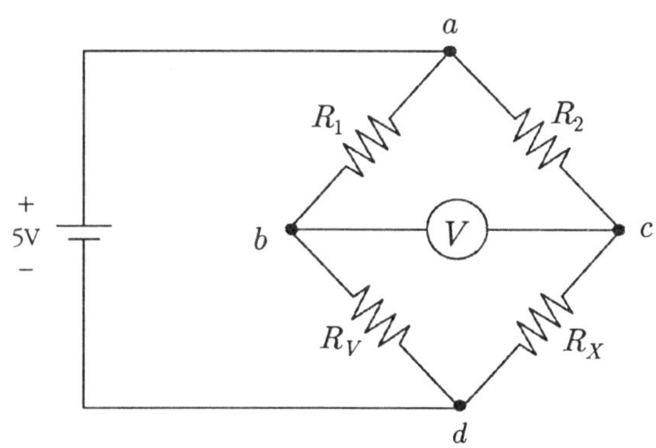

[그림 5-18]

2. 가변저항 R_V를 떼어내고 저항값을 측정한다.
3. $R_X = R_V \dfrac{R_2}{R_1}$ 에서 구한 R_X저항값과 저항계로 측정한 R_X값을 〈표 5-5〉에 기입하여라.
4. R_X를 바꾸어 가면서 위 실험을 반복하고 〈표 5-5〉에 기입하여라.

실험결과 보고서

학과(전공)		학번		성명	
공동실험자				일자	20 년 월 일

1. 제목 : 휘트스톤 브리지
2. 회로도

3. 실험결과

〈표 5-5〉 브리지회로의 측정결과

구 분	R_1				
1	R_2				
2	R_V				
3	R_X 계산값				
4	R_X 측정값				
5	오차				

4. 실험결과에 대한 의견 및 배운 점

제 6 장

회로망 정리

6-1 | 회로망 용어

전기회로를 그래프(graph) 이론을 써서 해석하는 학문을 회로망 기하학이라고 하며, 그래프 이론은 선과 점에 관한 기하학이다. 이러한 그래프 이론에서 사용되는 회로망 용어의 정의는 다음과 같다.

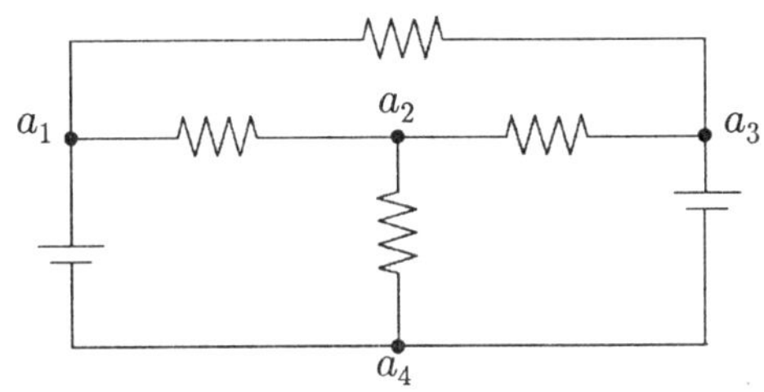

[그림 6-1] 회로망

① 회로망(network) : 특히 많은 소자를 포함한 전기회로를 말하나 일반적으로 회로(circuri)라는 말과 구별하지 않고 사용한다. ([그림 6-1])

② 마디(node, 절점) : 2개 이상의 소자가 연결되어 있는 접합점을 말하며, 특히 3개 이상의 소자가 연결되어 있는 마디를 구분하여 접속점(junction)이라고도 한다. [그림 6-1]에서 a_1, a_2, a_3, a_4는 마디이며 접속점이다.

③ 가지(branch, 지로) : 두 접속점 사이의 회로부분을 말하며, 전류의 흐름이 변하지 않는 부분이다. [그림 6-1]에서 $a_1 \rightarrow a_2$, $a_3 \rightarrow a_4$는 가지이다.

④ 폐로(loop) : 몇 개의 가지로 통하여 일주하면서 만들어진 폐회로이며 다른 폐로를 포함하지 않는 독립된 폐로를 구분하여 망로(mesh)라고도 한다. [그림 6-1]에서 $a_1 \rightarrow a_2 \rightarrow a_3 \rightarrow a_4$는 폐로이며, $a_1 \rightarrow a_2 \rightarrow a_4 \rightarrow a_1$는 폐로이며 망로이다.

예제 6-1 [그림 6-2]와 같은 회로망에서 절점의 수와 망로의 수를 구하여라.

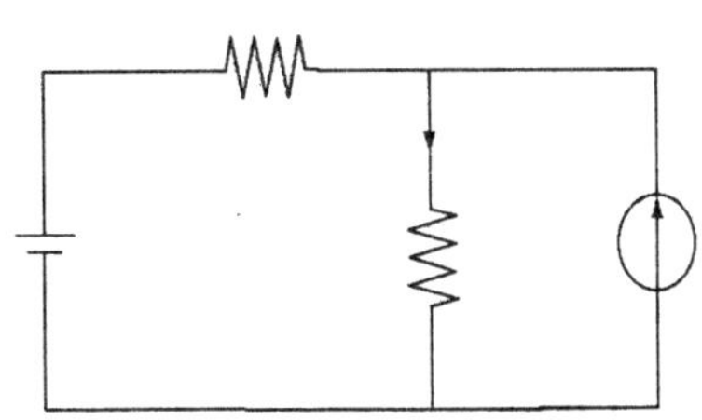

[그림 6-2]

풀이 전압전원과 저항 사이의 접합점은 절점으로 취급하지 않으므로 구하는 절점은 4개이다. 전류전원과 저항으로 둘러싸인 부분은 망로로 취급하지 않으므로 구하는 망로는 3개이다.

6-2 | 망로해석법

절점에서 키르히호프의 전류법칙으로 구한 식과 망로에서 전압법칙으로 구한 식을 연립하여 해석하는 지로해석법보다 방정식의 수가 적고 좀더 조직적인 방법은 이 절에서 취급하는 망로해석법과 다음 절에서 다룰 절점해석법이 있다.

망로해석법(mesh analysis)은 회로 내의 망로에서 망로전류를 가정하고 망로를 시계방향으로 일주하면서 세운 KVL을 연립시켜 푸는 해석법이다. 따라서 망로 수만큼의 방정식이 필요하게 된다.

[그림 6-3]과 같은 회로를 예로 들면 이 회로는 2개의 망로를 가지고 있으므로 각각의 망로전류를 시계방향으로 그림과 같이 I_1, I_2를 가정하자. 이때 $I_3 = I_1 - I_2$의 관계가 있으므로 I_1, I_2를 구하면 지로전류 모두를 구할 수 있다.

망로 1과 2에서 KVL을 적용하면

$$\left.\begin{aligned} R_1 I_1 + R_3(I_1 - I_2) &= V_{g1} \\ R_2 I_2 - R_3(I_1 - I_2) &= -V_{g2} \end{aligned}\right\} \qquad (6\text{-}1)$$

와 같은 전압방정식이 얻어진다.

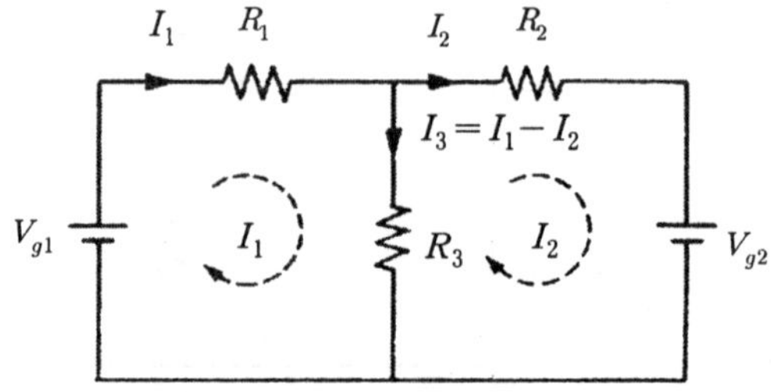

[그림 6-3] 2개의 망로인 회로

식 (6-1)을 I_1, I_2에 대해서 정리하면

$$\left.\begin{aligned}(R_1+R_3)I_1-R_3I_2&=V_{g1}\\-R_3I_1+(R_2+R_3)I_2&=-V_{g2}\end{aligned}\right\}$$

여기서

$$\left.\begin{aligned}R_{11}&=R_1+R_3\\R_{22}&=R_2+R_3\\R_{12}&=R_{21}=-R_3\\V_1&=V_{g1}\\V_2&=-V_{g2}\end{aligned}\right\}\qquad(6\text{-}2)$$

라 놓으면 식 (6-2)는 다음과 같이 정돈된 형식으로 나타낼 수 있다.

$$\left.\begin{aligned}\boldsymbol{R_{11}I_1+R_{12}I_2=V_1}\\\boldsymbol{R_{21}I_1+R_{22}I_2=V_2}\end{aligned}\right\}\qquad(6\text{-}3)$$

이 방정식을 망로방정식(mesh equation)이라고 한다.

여기서 R_{11}, R_{22}를 각각 망로 1, 망로 2의 자기저항(self resistance), R_{12}와 R_{21}은 망로 1과 망로 2 사이의 상호저항(mutual resistance)이라고 한다.

식 (6-3)과 [그림 6-3]을 대조하여 보면 R_{11}은 망로 1에 연결된 모든 저항의 합과 같고, R_{22}는 망로 2에 연결된 모든 저항의 합과 같다. 또 R_{12}와 R_{21}은 망로 1과 망로 2에 공통되는 지로의 저항이며, 만일 이 공통지로에서의 전류 I_1과 I_2와의 가정 방향이 반대이면 −의 부호가 되고, 같은 방향이면 +가 된다(위의 예에서는 반대이므로 −가 되고 있다). 또한 V_1, V_2는 각 망로의 전원전압이며 망로전류 방향으로 전압상승이면 +이고, 전압강하이면 −이다.

망로가 3개 이상인 경우에도 같은 형식의 망로방정식이 성립하며, 망로가 3개인 회로의 망로방정식은 다음과 같다.

$$\left.\begin{aligned} R_{11}I_1 + R_{12}I_2 + R_{13}I_3 &= V_1 \\ R_{21}I_1 + R_{22}I_2 + R_{23}I_3 &= V_2 \\ R_{31}I_1 + R_{32}I_2 + R_{33}I_3 &= V_3 \end{aligned}\right\} \tag{6-4}$$

예제 6-2 다음 행렬식의 값을 구하여라.

① $\begin{vmatrix} 8 & 5 \\ 2 & 6 \end{vmatrix}$ ② $\begin{vmatrix} 8 & 2 & 3 \\ 4 & 1 & 2 \\ -3 & 6 & 5 \end{vmatrix}$

풀이 ① $\begin{vmatrix} 8 & 5 \\ 2 & 6 \end{vmatrix} = 8\times6-(2\times5) = \mathbf{38}$

② $\begin{vmatrix} 8 & 2 & 3 \\ 4 & 1 & 2 \\ -3 & 6 & 5 \end{vmatrix} = 8\times1\times5 + 2\times2\times(-3) + 3\times4\times6$

$-3\times1\times(-3) - 6\times2\times8 - 5\times4\times2 = -\mathbf{27}$

예제 6-3 [그림 6-4]에서 지로전류 I_1, I_2, I_3를 지로해석법과 망로해석법에 의해서 구하고 그 값을 비교하여라.

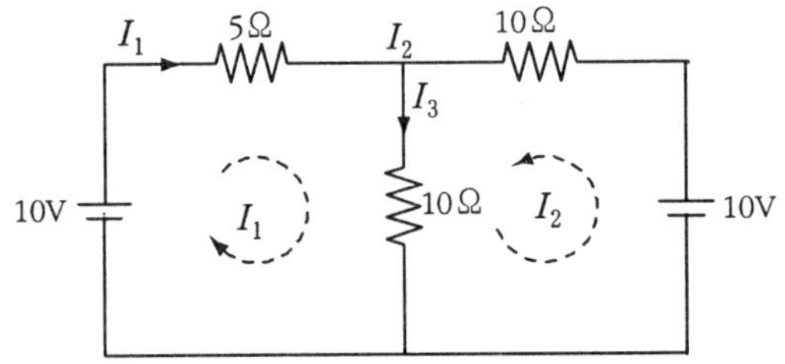

[그림 6-4]

풀이 절점에서 KCL을 적용하면

$I_1 + I_2 = I_3$

망로 1, 2에서 KVL을 적용하면

$5I_1 + 10I_3 = 10$

$10I_2 + 10I_3 = 10$

위 세 식을 연립방정식으로 풀면

$I_1 = \mathbf{0.5}$[A] , $I_2 = \mathbf{0.25}$[A] , $I_3 = \mathbf{0.75}$[A]

다음으로 망로방정식을 세우면

$$15I_1 + 10I_2 = 10$$

$$10I_1 + 20I_2 = 10$$

위 식을 크라머의 공식에 의해서 풀면

$$I_1 = \frac{\begin{vmatrix} 10 & 10 \\ 10 & 20 \end{vmatrix}}{\begin{vmatrix} 15 & 10 \\ 10 & 20 \end{vmatrix}} = \frac{200-100}{300-100} = \frac{100}{200} = \mathbf{0.5}[\text{A}]$$

$$I_2 = \frac{\begin{vmatrix} 15 & 10 \\ 10 & 10 \end{vmatrix}}{\begin{vmatrix} 15 & 10 \\ 10 & 20 \end{vmatrix}} = \frac{150-100}{300-100} = \frac{50}{200} = \mathbf{0.25}[\text{A}]$$

따라서 I_3는 $I_3 = I_1 + I_2 = 0.5 + 0.25 = \mathbf{0.75}[\text{A}]$

지로해석법과 망로해석법에 의해서 구한 전류는 같으며 망로해석법이 간편함을 알 수 있다.

6-3 | 중첩의 원리

앞 절에서 배운 망로해석법이나 절점해석법과 같이 일반적인 해석법은 지로전류나 전압을 모두 구해야 하는 경우에는 간편함을 알았다. 그러나 회로망 내의 어느 한 부분의 지로전류나 전압을 구해야 하는 부분적인 해석이나, 특히 한 회로망 내에 포함된 전원의 주파수가 서로 다른 경우에는 중첩의 원리(principle of superposition)를 이용하는 것이 보다 유리하거나 필수적이라 할 수 있다. 이 원리는 전기계를 포함하는 모든 물리계에 적용되는 기본원리로서, 전기계에서는 다음과 같이 표현할 수 있다.

2개 이상의 전원을 포함하는 선형회로망에서 회로 내의 임의의 점에 있어서의 전류 또는 2점간의 전압은 개개의 전원이 개별적으로 작용할 때에 그 점에 흐르는 전류 또는 2점간의 전압을 합한 것과 같다.

여기서 전원을 개별적으로 작용시킨다는 것은 다른 전원을 모두 0으로 하는 것이다. 즉 전압원은 단락(short)하여 그 전압을 0으로 하고, 전류원은 개방(open)하여 그 전류를 0으로 하는 것이다.

이 원리의 성립은 예제 6-4에서 살펴보도록 한다.

예제 6-4 [그림 6-5]에서 지로 $a-b$에 흐르는 전류 I를 망로해석법을 이용하여 구한 값과 중첩의 원리를 적용하여 구한 값을 비교하여 이 원리가 성립함을 보여라.

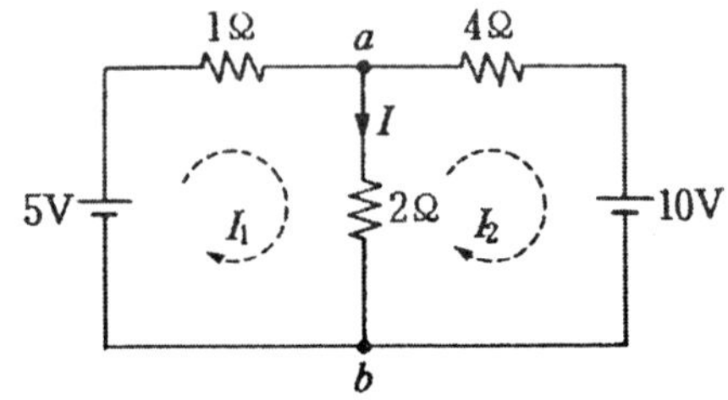

[그림 6-5]

풀이 [그림 6-5]에서 망로전류를 그림과 같이 가정하고 망로방정식을 세우면

$$(1+2)I_1+2I_2=5$$

$$-2I_1+(2+4)I_2=-10$$

위 연립방정식에서 I_1, I_2를 구하면

$$I_1=\frac{\begin{vmatrix} 5 & -2 \\ -10 & 6 \end{vmatrix}}{\begin{vmatrix} 3 & -2 \\ -2 & 6 \end{vmatrix}}=\frac{30-20}{18-4}=\frac{10}{14}=\frac{5}{7}[\mathrm{A}]$$

$$I_2=\frac{\begin{vmatrix} 3 & 5 \\ -2 & -10 \end{vmatrix}}{14}=\frac{-30+10}{14}=\frac{-20}{14}=-\frac{10}{7}[\mathrm{A}]$$

$$\therefore\ I=I_1-I_2=\frac{5}{7}-\left(-\frac{10}{7}\right)=\mathbf{\frac{15}{7}}[\mathrm{A}]$$

다음 중첩의 원리를 적용하면, 먼저 전원 10[V]를 제거할 때 $a-b$간의 전류를 I'라고 하면

$$I'=\frac{5}{1+\dfrac{2\times4}{2+4}}\times\frac{4}{2+4}=\frac{5\times6}{14}\times\frac{4}{6}=\frac{10}{7}[\mathrm{A}]$$

다음 전원 5[V]를 제거할 때 $a-b$간을 흐르는 전류를 I''라 하면 다음과 같다.

$$I''=\frac{10}{4+\dfrac{2\times1}{2+1}}\times\frac{1}{2+1}=\frac{10\times3}{14}\times\frac{1}{3}=\frac{5}{7}[\mathrm{A}]$$

$$\therefore\ I = I' + I'' = \frac{10}{7} + \frac{5}{7} = \frac{\mathbf{15}}{\mathbf{7}}\ [\mathrm{A}]$$

따라서 두 방법으로 구한 전류 I값은 동일하므로 중첩의 원리가 성립됨을 알 수 있다.

예제 6-5 [그림 6-6](a), (b)와 같이 지로전류가 흐를 때 (c)의 지로전류 I_1, I_2는 얼마인가?

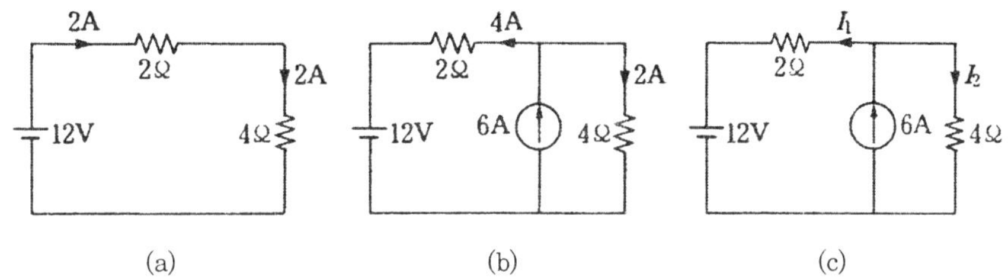

[그림 6-6]

풀이 중첩의 원리에 의해서

$I_1 = 4 - 2 = \mathbf{2}[\mathrm{A}]$

$I_2 = 2 + 2 = \mathbf{4}[\mathrm{A}]$

예제 6-6 [그림 6-7]과 같은 회로에서 전류 I_1은 몇 [A]인가?

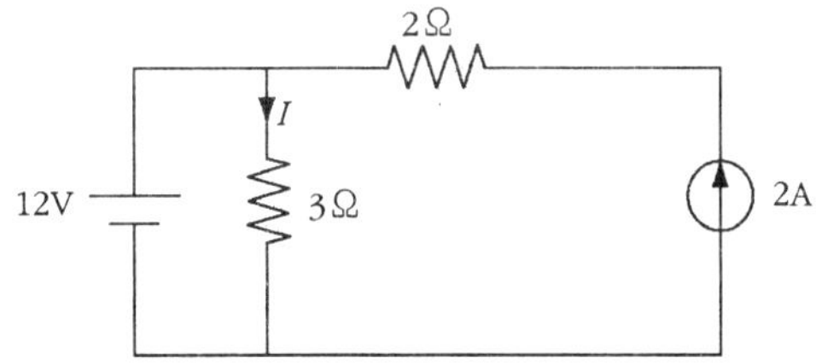

[그림 6-7]

풀이 전원 12[V]에 의한 전류를 I'라 하면

$I' = \frac{12}{3} = 4[\mathrm{A}]$

전원 2[A]에 의한 전류를 I''라 하면

$I'' = 0$

$\therefore\ I = I' + I'' = 4 + 0 = 4[\mathrm{A}]$

6-4 테브난의 정리와 노튼의 정리

회로를 해석하다 보면 어느 특정한 지로에 흐르는 전류 또는 전압을 구하는 경우가 많다. 한 지로의 전압을 구하기 위하여 망로방정식 또는 절점방정식을 세워 연립방정식을 푸는 것은 일반적으로 번거롭고 지루하다.

이 경우에 중첩의 원리 외에 간편하게 해석할 수 있는 매우 중요한 2가지 정리가 있다.

첫번째 정리는 1883년에 최초로 이 결과를 발표한 프랑스의 전신기술자 테브난(The Venin)의 이름을 붙인 테브난의 정리(the Venin's theorem)이고, 두번째 정리는 테브난의 정리의 계라고 생각할 수 있는 것으로 미국의 공학자 노튼(Norton)의 이름을 붙인 노튼의 정리(Norton's theorem)이며, 테브난보다 50년 후에 이를 발표하였다.

여러 개의 전원과 저항으로 구성된 회로에서 테브난의 정리를 이용하면 어느 단자에 대해서 하나의 정전압원과 하나의 저항을 직렬로 접속한 등가회로로 대치할 수 있으며, 노튼의 정리를 이용하면 하나의 정전류원과 하나의 저항을 병렬로 접속한 등가회로를 얻을 수 있다.

예컨대 [그림 6-8](a)를 몇 번의 등가회로로 바꾸면 [그림 6-8](e), (f)를 얻는다. 이때 [그림 6-8](a)에서 전원을 제거하고 단자 $a-b$에서 회로망쪽을 본 저항을 R_0, 단자 $a-b$를 개방했을 때의 개방전압(open voltage)을 V_0 및 단자 $a-b$를 단락했을 때 흐르는 단락전류(short electric current)를 I_0라 할 때

$$R_0 = \frac{4\times4}{4+4} + 3 = 5[\Omega]$$

$$V_0 = 20\times\frac{4}{4+4} = 10[\mathrm{V}]$$

$$I_0 = \frac{20}{\frac{4\times3}{4+3}\times4}\times\frac{4}{4+3} = \frac{7\times20}{40}\times\frac{4}{7} = 2[\mathrm{A}]$$

로서 [그림 6-8](e), (f)의 저항 5[Ω], 전압 10[V], 전류 2[A]와 같음을 알 수 있다.

이들 회로에서 [그림 6-8](a)에 대해서 [그림 6-8](e)를 테브난의 등가회로, [그림 6-8](f)를 노튼의 등가회로라고 한다.

이상에서 테브난과 노튼의 정리를 정리하면 다음과 같다.

(1) 테브난의 정리

[그림 6-9](a)와 같은 어떠한 구조를 갖는 능동회로망도 그 임의의 두 단자 $a-b$에서 외부회로에 대해서는 이것을 등가적으로 하나의 전압전원 V_0에 하나의 저항 R_0가 직렬로 접속된 것으로 대치할 수 있다.

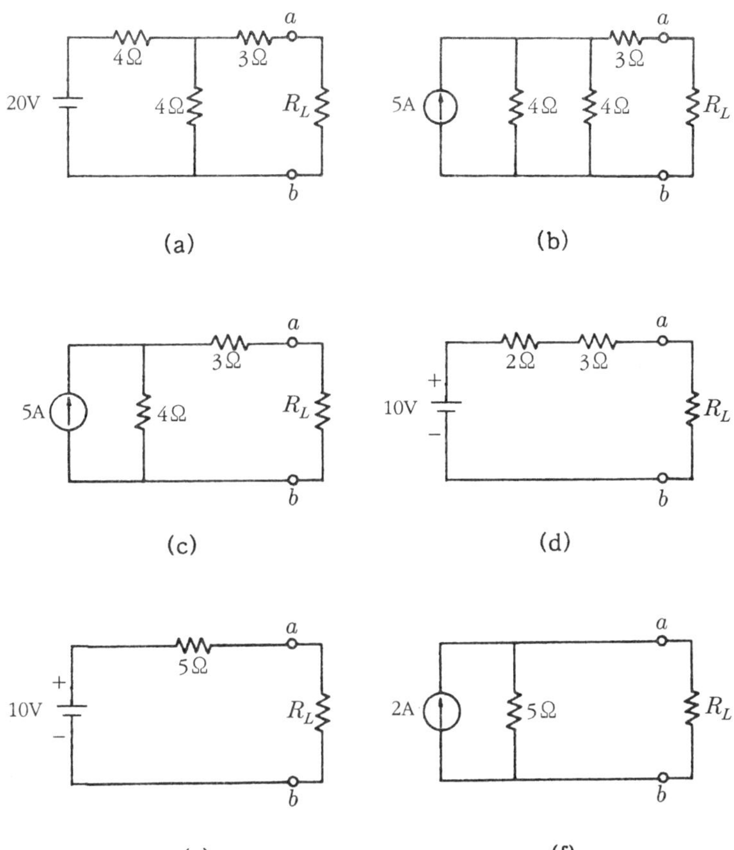

[그림 6-8] 등가전원의 변환 및 테브난과 노튼의 등가회로

여기서 전압 V_0는 단자 $a-b$를 개방했을 때 $a-b$의 단자전압인 개방전압(open voltage)과 같고, R_0는 회로망 내의 모든 전원을 제거하고, 즉 전압전원은 단락, 전류전원은 개방을 하고 단자 $a-b$에서 회로망쪽을 본 저항인 테브난의 등가저항(equivalent resistance)과 같다. 이와 같은 테브난의 등가회로는 [그림 6-9](b)와 같다.

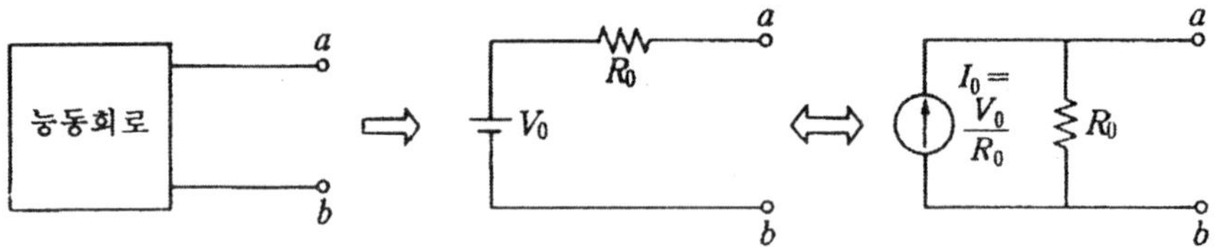

(a) 원회로 (b) 테브난의 등가회로 (c) 노튼의 등가회로

[그림 6-9] 테브난과 노튼의 등가회로

(2) 노튼의 정리

[그림 6-9](a)와 같은 어떠한 구조를 갖는 능동회로망도 그 임의의 두 단자 $a-b$에서 외부회로에 대해서는 이것을 등가적으로 하나의 전류전원 I_0에 하나의 저항 R_0가 병렬로 접속된 것으로 대치할 수 있다. 여기서 전류 I_0는 단자 $a-b$를 단락했을 때 여기를 흐르는 전류인 단락전류(short current)와 같고, R_0는 테브난의 등가회로와 마찬가지로 등가저항과 같다. 이와 같은 노튼의 등가회로는 [그림 6-9](c)와 같다.

여기서 개방전압 V_0와 단락전류 I_0와는 다음과 같은 관계가 성립된다.

$$\boldsymbol{R_0 = \frac{V_0}{I_0}, \qquad V_0 = R_0 I_0, \qquad I_0 = \frac{V_0}{R_0}} \tag{6-5}$$

예제 6-7 [그림 6-8] (a), (e), (f)에서 부하저항 $R_L = 5[\Omega]$일 때 여기에 흐르는 부하전류 I_L을 구하고 서로 같은가 보아라.

풀이 [그림 6-8](a)에서 부하전류는

$$I_L = \frac{20}{4 + \frac{4 \times (3+5)}{4+(3+5)}} + \frac{4}{4+8} = 3 \times \frac{4}{12} = \mathbf{1}\,[\mathrm{A}]$$

[그림 6-8](e)에서 부하전류

$$I_L = \frac{10}{5+5} = \mathbf{1}\,[\mathrm{A}]$$

[그림 6-8](f)에서 부하전류

$$I_L = 2 \times \frac{5}{5+5} = \mathbf{1}\,[\mathrm{A}]$$

3개의 부하전류는 모두 같으므로 부하에 대해서 서로 등가회로이다.

예제 6-8 [그림 6-10]과 같은 회로를 테브난 등가회로로 그려라.

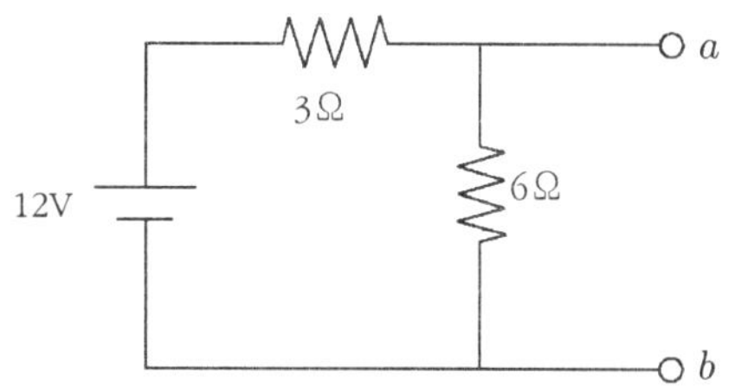

[그림 6-10]

풀이 단자 $a-b$의 개방전압 V_0는

$$V_0 = 12 \times \frac{6}{3+6} = 8[\mathrm{V}]$$

테브난 등가저항 R_0는

$$R_0 = \frac{3 \times 6}{3+6} = 2[\Omega]$$

따라서 테브난 등가회로는 [그림 6-11]이다.

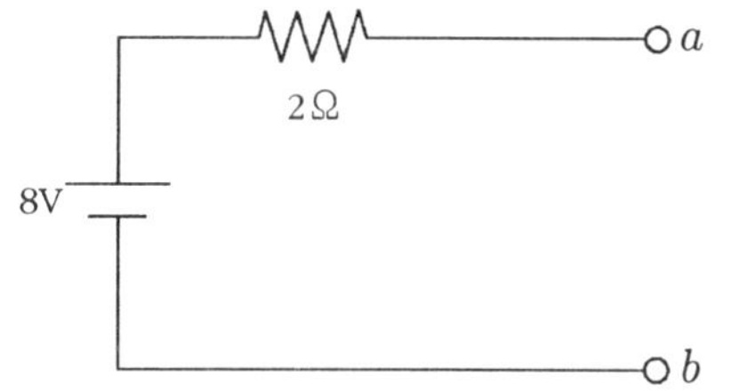

[그림 6-11]

예제 6-9 [그림 6-12]와 같은 회로를 노튼의 등가회로로 그려라.

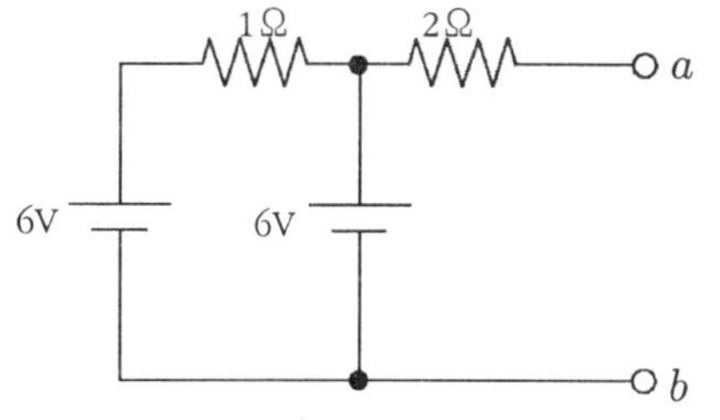

[그림 6-12]

풀이 중첩의 원리를 적용하여 단자 $a-b$를 단락했을 때 이 전류값은

$I_0 = 3 + 0 = 3[\mathrm{A}]$

단자 $a-b$에 본 노튼의 등가저항은

$R_0=2[\Omega]$

따라서 노튼의 등가회로는 [그림 6-13]이다.

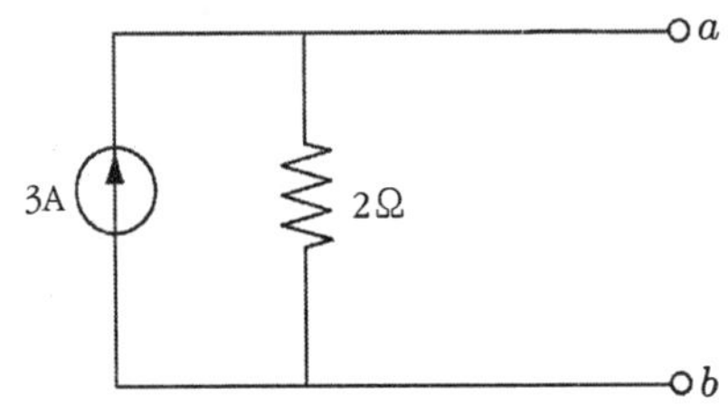

[그림 6-13]

6-5 | 밀만의 정리

밀만의 정리는 내부저항을 가진 여러 개의 전압전원이 병렬로 접속되어 있는 경우에 하나의 등가전원으로 바꾸거나 또는 회로 내의 임의의 두 점간의 전압을 구하는 데 유용한 정리이다.

[그림 6-14](a)와 같이 주어진 회로에서 개개의 전원을 등가전류원으로 바꾸고, 또 노튼의 등가회로로 바꾸면 [그림 6-14](c)와 같이 된다.

따라서 단자 $a-b$간에 나타나는 전압 V_{ab}는

$$V_{ab}=\frac{I_0}{G_0}=\frac{I_1+I_2+\ldots+I_n}{G_1+G_2+\ldots+G_n}=\frac{\dfrac{V_1}{R_1}+\dfrac{V_2}{R_2}+\ldots+\dfrac{V_n}{R_n}}{\dfrac{1}{R_1}+\dfrac{1}{R_2}+\ldots+\dfrac{1}{R_n}} \tag{6-6}$$

가 되며, 이 식을 밀만의 정리(Millman's theorem)라고 한다.

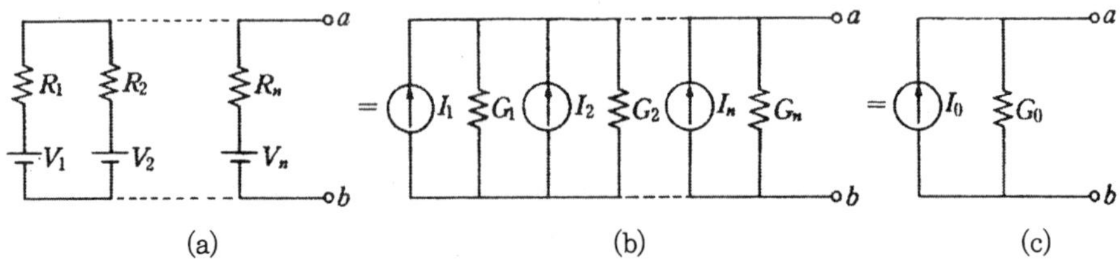

[그림 6-14] 밀만의 정리에 관한 회로

예제 6-10 [그림 6-15]와 같은 회로에서 단자 $a-b$간의 전압 V_{ab}를 밀만의 정리에 의해서 구하여라.

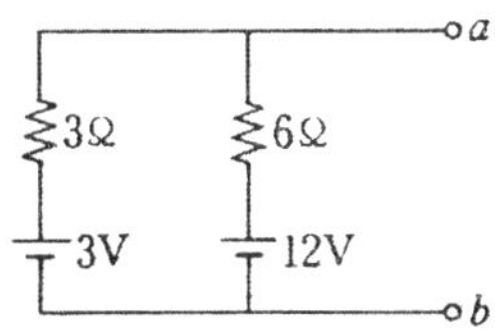

[그림 6-15]

풀이 $$V_{ab}=\frac{I_1+I_2}{G_1+G_2}=\frac{\frac{3}{3}+\frac{12}{6}}{\frac{1}{3}+\frac{1}{6}}=\frac{18}{3}=\mathbf{6}\,[\mathrm{V}]$$

6-6 | 최대전력의 전달

전원에 연결되어 사용하는 부하가 같은 조건의 전원에서 최대전력을 얻을 수 있다는 것은 매우 중요한 문제이다.

[그림 6-16](a)와 같이 어떤 전원을 포함한 능동회로에서 단자 $a-b$간에 부하 저항 R_L을 연결할 때 그 값을 얼마로 하면 이에 최대의 전력을 전달할 수 있는가 하는 문제를 생각해보자.

이 문제는 단자 $a-b$ 좌측을 [그림 6-16](b)와 같이 테브난의 등가회로로 대치하고 생각하는 것이 가장 간단하다.

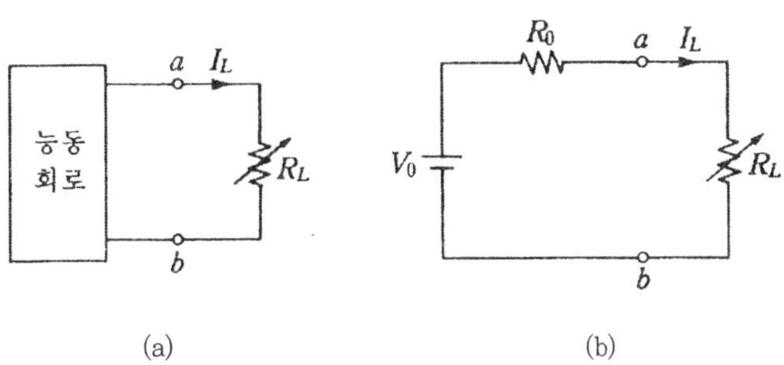

[그림 6-16] 최대전력의 전달

지금 R_0는 전원의 내부저항 또는 테브난의 등가저항이고, 부하저항 R_L만이 가변인 경우를 생각하자.

이 경우 부하 R_L에 흐르는 전류 I_L은

$$I_L = \frac{V_0}{R_0 + R_L}$$

부하에 공급되는 전력 P_L은

$$P_L = I_L^2 \cdot R_L = \left(\frac{V_0}{R_0 + R_L}\right)^2 \cdot R_L = V_0^2 \cdot \frac{R_L}{(R_0 + R_L)^2}$$

이것이 최대가 되는 R_L의 값을 구하기 위하여 V_0, R_0는 일정하게 하고 R_L에 관하여 미분한 값을 0이라 놓으면

$$\frac{dP_L}{dR_L} = V_0^2 \cdot \frac{(R_0 + R_L)^2 - 2R_L(R_0 + R_L)}{(R_0 + R_L)^2} = 0$$

이 해를 구하기 위하여 분자항을 0으로 놓으면

$$(R_0 + R_L)^2 - 2R_L(R_0 + R_L) = 0$$

$$R_0^2 + 2R_0R_L + R_L^2 - 2R_0R_L - 2R_L^2 = 0$$

$$R_0^2 - R_L^2 = 0$$

$$\therefore \boldsymbol{R_L = R_0} \qquad (6\text{-}7)$$

즉 부하저항 R_L이 전원의 내부저항(테브난의 등가저항) R_0와 같을 때, 즉 부하저항을 전원의 내부저항에 정합(matching)시키면 최대전력을 공급받을 수 있다.

이때 최대전력 $P_{L\max}$은

$$P_{L\max} = \left(\frac{V_0}{R_L + R_L}\right)^2 \cdot R_L = \frac{\boldsymbol{V_0^2}}{\boldsymbol{4R_L}} = \frac{\boldsymbol{V_0^2}}{\boldsymbol{4R_0}} \qquad (6\text{-}8)$$

부하를 어떻게 조절하더라도 전원회로에서 이 이상의 전력을 뽑아낼 수 없기 때문에 $P_{L\max}$를 전원의 가용전력(available power)이라고 부를 때가 있다.

아울러 최대전력 전달시 전력의 반은 내부저항, 나머지 반은 부하에서 소비되므로 효율은 50%밖에 안되므로 최대전력을 얻기 위해서는 효율을 희생시킬 수밖에 없다.

예제 6-11 [그림 6-17]과 같은 회로에서 부하저항 R_L에 최대전력을 공급하려고 한다. 이때 R_L의 값과 최대 전송전력을 구하여라.

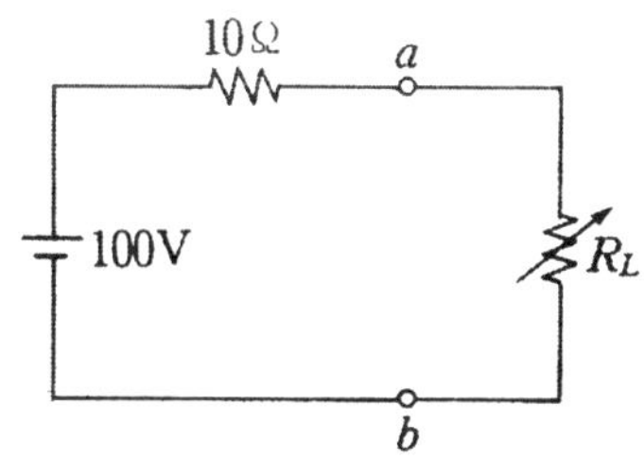

[그림 6-17]

풀이 부하저항이 내부저항과 같을 때 최대전력이 공급되므로

$R_L = \mathbf{10}[\Omega]$

이때 최대 전송전력은

$$P_L = \frac{V_0^2}{4R_0} = \frac{100^2}{4\times 10} = \mathbf{250}\,[\mathrm{W}]$$

실험 6-1 중첩의 원리

목 적

중첩의 원리를 실험을 통하여 익히고 이를 응용할 수 있는 능력을 기른다.

예비과제

1. 중첩의 원리를 간략히 설명하여라.
2. [그림 6-18]과 같이 전압전원이 2개인 회로를 중첩의 원리를 적용시켜 2[kΩ]에 흐르는 전류 I를 구하여라.

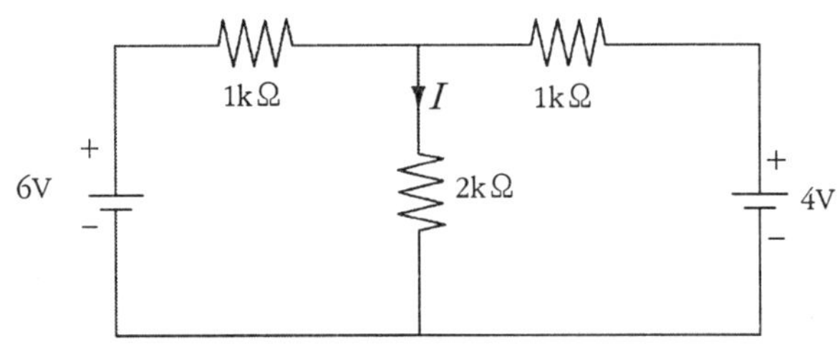

[그림 6-18]

3. [그림 6-19]와 같이 전압원과 전류원이 함께 존재하는 회로에서 100[Ω]에 흐르는 전류 I를 중첩의 원리를 적용시켜 구하여라.

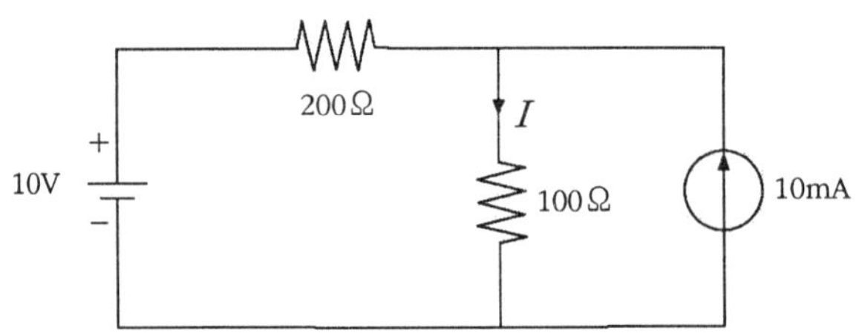

[그림 6-19]

4. 〈표 6-1〉의 계산값을 구하고, 기입하여라.

준비물

직류전원 공급기, 회로시험기, 브레드보드

저항(1kΩ, 2kΩ, 3kΩ)

실 험

1. [그림 6-20]과 같은 회로를 브레드보드에 구성하고, 각 지로에 흐르는 전류 I_1', I_2', I_3'를 측정하여 〈표 6-1〉에 기입하여라.

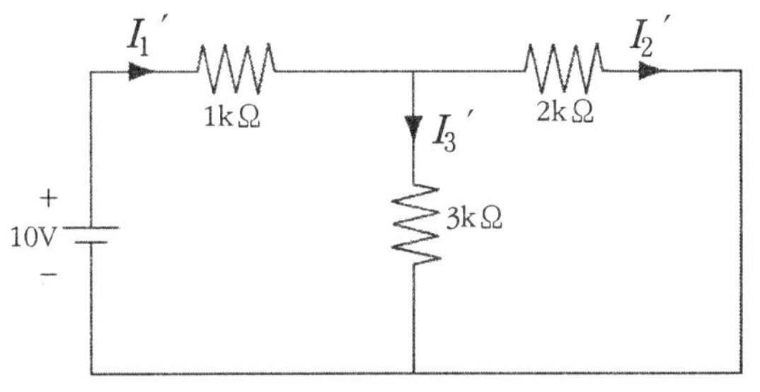

[그림 6-20]

2. [그림 6-21]과 같은 회로를 브레드보드에 구성하고, 각 지로에 흐르는 전류 I_1'', I_2'', I_3''를 측정하여 〈표 6-1〉에 기입하여라.

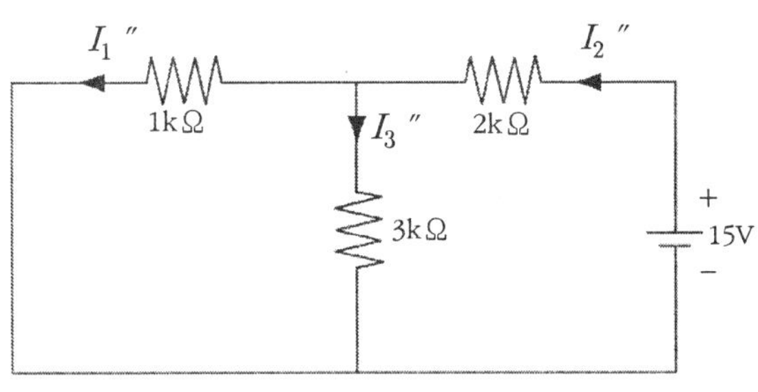

[그림 6-21]

3. [그림 6-22]와 같은 회로를 브레드보드에 구성하고, 각 지로에 흐르는 전류 I_1, I_2, I_3를 측정하여 〈표 6-1〉에 기입하여라.

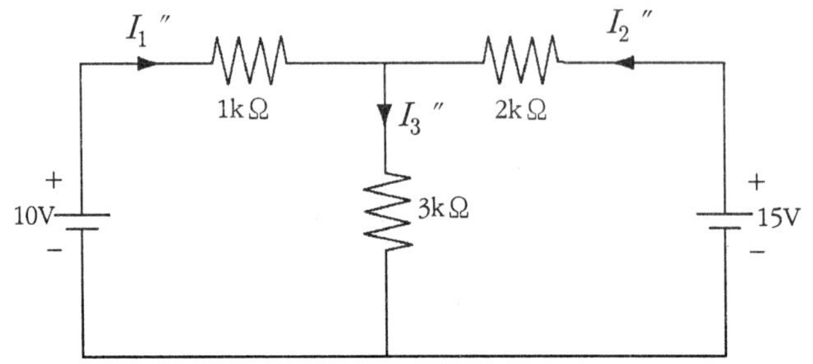

[그림 6-22]

실험결과 보고서

학과(전공)		학번		성명	
공동실험자				일자	20 년 월 일

1. 제목 : 중첩의 원리
2. 회로도

3. 실험결과

〈표 6-1〉 중첩의 원리에서 전류

구 분	I_1'	I_2'	I_3'	I_1''	I_2''	I_3''	I_1	I_2	I_3
계산값									
측정값									

4. 실험결과에 대한 의견 및 배운 점

실험 6-2 테브난의 정리와 노튼의 정리

목 적

테브난과 노튼의 정리를 이해하고, 실험적으로 증명하여 이를 응용할 수 있는 능력을 키운다.

예비과제

1. 테브난의 정리를 간략히 설명하여라.
2. 노튼의 정리를 간략히 설명하여라.
3. [그림 6-23]의 회로에 대한 테브난과 노튼의 등가회로를 그리고, 부하전류 I_L이 서로 같은가 확인하여라.

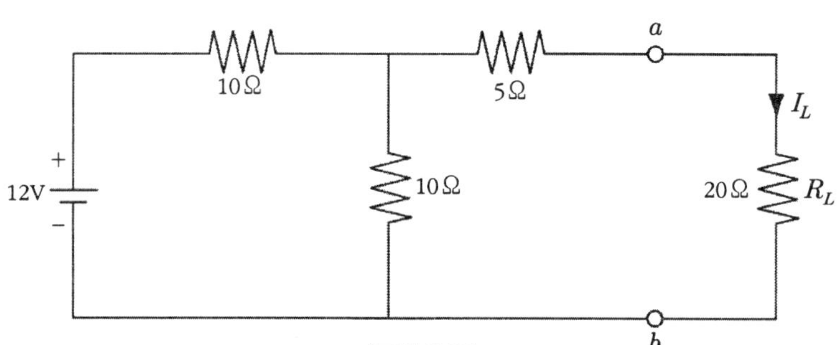

[그림 6-23]

4. 〈표 6-2〉, 〈표 6-3〉, 〈표 6-4〉, 〈표 6-5〉, 〈표 6-6〉의 계산값을 구하고 기입하여라.

준비물

직류전원공급기, 회로시험기, 브레드보드
저항(1kΩ, 2kΩ, 3kΩ, 4.2kΩ)

실 험

1. [그림 6-24]와 같은 회로를 브레드보드에 구성하고, R_L양단의 전압 V_L과 전류 I_L을 측정하여 〈표 6-2〉에 기입하여라.

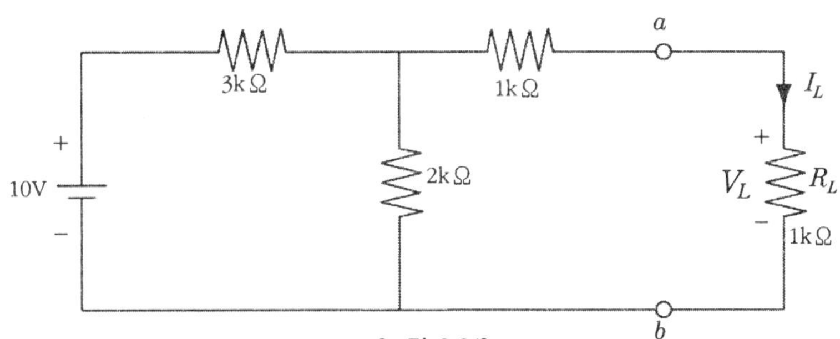

[그림 6-24]

2. [그림 6-24]에서 테브난 전압 V_{ab}(R_L을 제거시키고 단자 a, b 사이의 전압), 테브난 등가저항 R_{ab}(전압원 12V를 제거하고 단 a, b 사이의 합성저항)을 측정하여 〈표 6-3〉에 기입한 후, 테브난 등가회로를 [그림 6-25]에 그려라.
3. [그림 6-25]와 같은 테브난 등가회로에서 R_L양단의 전압 V_L과 전류 I_L을 측정하여 〈표 6-4〉에 기입한 후, 〈표 6-2〉와 일치하는지 살펴보고 테브난의 정리가 성립함을 확인하여라.
4. [그림 6-24]에서 노튼 전류 I_{ab} (R_L을 제거시키고 단자 a, b를 단락시킬 때 흐르는 전류), 노튼 등가저항 R_{ab} (테브난 등가저항과 같음)을 측정하여 〈표 6-5〉에 기입한 후, 노튼 등가회로를 [그림 6-26]에 그려라.
5. [그림 6-24]와 같은 노튼 등가회로에서 R_L양단의 전압 V_L과 전류 I_L을 측정하여 〈표 6-6〉에 기입한 후, 〈표 6-2〉와 일치하는지 살펴보고 노튼의 정리가 성립함을 확인하여라.

실험결과 보고서

학과(전공)		학번		성명	
공동실험자				일자	20 년 월 일

1. 제목 : 테브난의 정리와 노튼의 정리
2. 회로도

3. 실험결과

〈표 6-2〉 부하전압과 부하전류

구 분	V_L	I_L
계산값		
측정값		

〈표 6-3〉 테브난 전압과 등가저항

구 분	V_{ab}	R_{ab}
계산값		
측정값		
오 차		

[그림 6-25] 테브난 정리의 등가회로

〈표 6-4〉 테브난 등가회로의 부하전압과 전류

	V_L	I_L
계산값		
측정값		

〈표 6-5〉 노튼 전류와 등가저항

구 분	I_{ab}	R_{ab}
측정값		
계산값		
오 차		

[그림 6-26] 노튼 정리의 등가회로

〈표 6-6〉 노튼 등가회로의 부하전압과 전류

구 분	V_L	I_L
계산값		
측정값		

4. 실험결과에 대한 의견 및 배운 점

실험 6-3 밀만의 정리

목 적

밀만의 정리를 이해하고, 실험적으로 증명하여 이를 응용할 수 있는 능력을 키운다.

예비과제

1. 밀만의 정리를 간략히 설명하여라.
2. [그림 6-27]과 같은 회로에서 밀만의 정리를 적용하여 a, b 양단전압 V_{ab}를 구하여라.

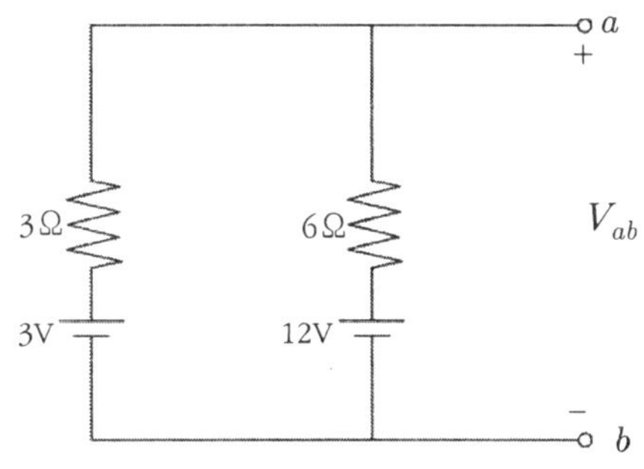

[그림 6-27]

3. 〈표 6-7〉의 계산값을 구하고 기입하여라.

준비물

직류전원공급기, 회로시험기, 브레드보드

저항(300Ω 2개, 1kΩ 3개, 2kΩ 2개, 3kΩ)

실 험

1. [그림 6-28]과 같은 회로를 브레드보드에 구성하고 R_1, R_2, V_1, V_2를 〈표 6-7〉에 표시된 대로 바꾸어 가면서 a, b 양단전압 V_{ab}를 측정하여 기입하여라.

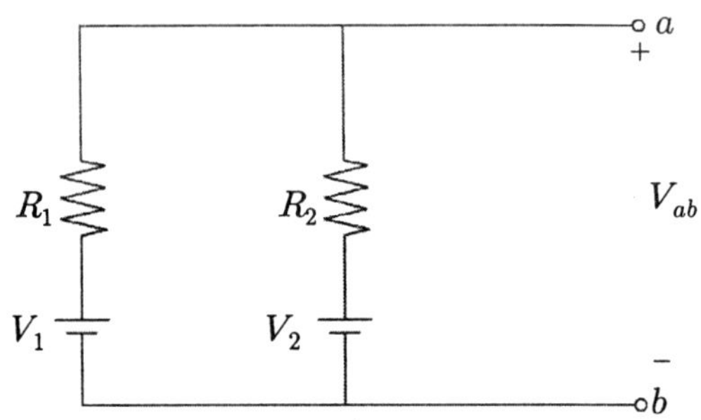

[그림 6-28]

실험결과 보고서

학과(전공)		학번		성명	
공동실험자				일자	20 년 월 일

1. 제목 : 밀만의 정리
2. 회로도

3. 실험결과

〈표 6-7〉 밀만 정리의 단자전압

R_1	300Ω	1kΩ	2kΩ	3kΩ
R_2	300Ω	2kΩ	1kΩ	1kΩ
V_1	6V	12V	8V	24V
V_2	6V	15V	10V	12V
계산값				
측정값				

4. 실험결과에 대한 의견 및 배운 점

실험 6-4 최대전력의 전달

목 적

직류전원으로부터 부하에 최대전력을 전달할 수 있는 조건을 이해하고, 실험을 통하여 익히고 응용할 수 있는 능력을 기른다.

예비과제

1. 직류 저항회로에서 최대전력의 전달조건을 써라.
2. [그림 6-29]와 같은 회로에서 R_L이 얼마일 때 최대전력이 공급되는가? 또 이때 공급된 최대전력 P_L을 구하여라.

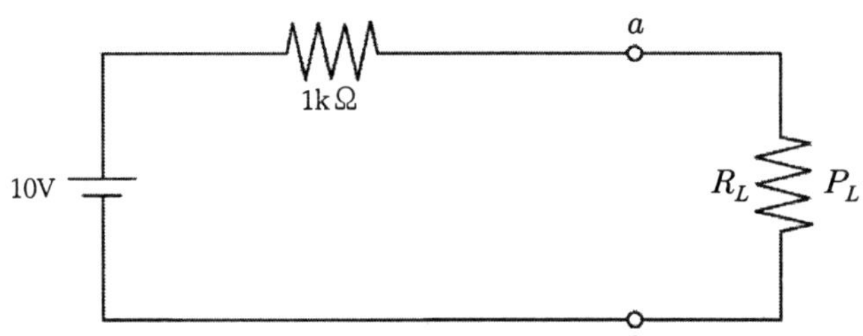

[그림 6-29]

준비물

직류전원공급기, 회로시험기, 브레드보드

저항(1kΩ)

가변저항(10kΩ)

실 험

1. [그림 6-30]과 같은 회로를 브레드보드에 구성하고, 가변저항 R_L이 0[Ω]에서 1[kΩ]씩 증가시키면서 R_L에 걸리는 전압 V_L을 측정하여 〈표 6-8〉에 기입하여라. (저항값 측정은 측정할 저항을 회로에서 분리시킨 후 측정)

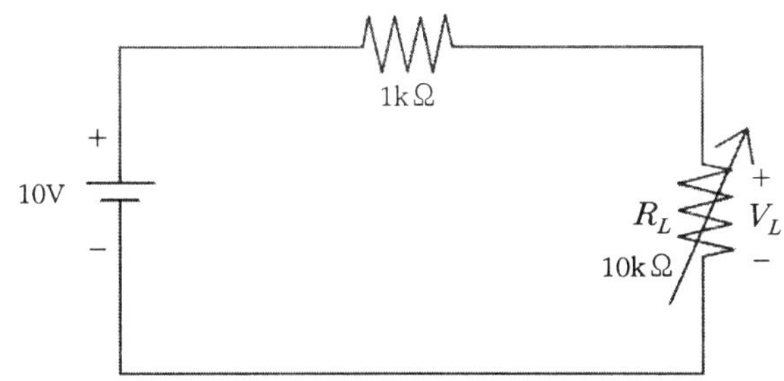

[그림 6-30]

2. V_L과 R_L로부터 $P_L = \dfrac{V_L^2}{R_L}$을 계산하여 〈표 6-8〉에 기입하여라.

3. 〈표 6-8〉에서 R_L과 P_L의 변화값을 [그림 6-31]에 나타내고, P_L이 최대가 되는 R_L값을 조사하여라.

실험결과 보고서

학과(전공)		학번		성명	
공동실험자				일자	20 년 월 일

1. 제목 : 최대전력의 전달
2. 회로도

3. 실험결과

〈표 6-8〉 부하전력과 전력 측정결과

R_L(Ω)	V_L(V)	P_L(mW)
0		
100		
200		
400		
600		
800		
850		
900		
950		
1,000		
1,100		

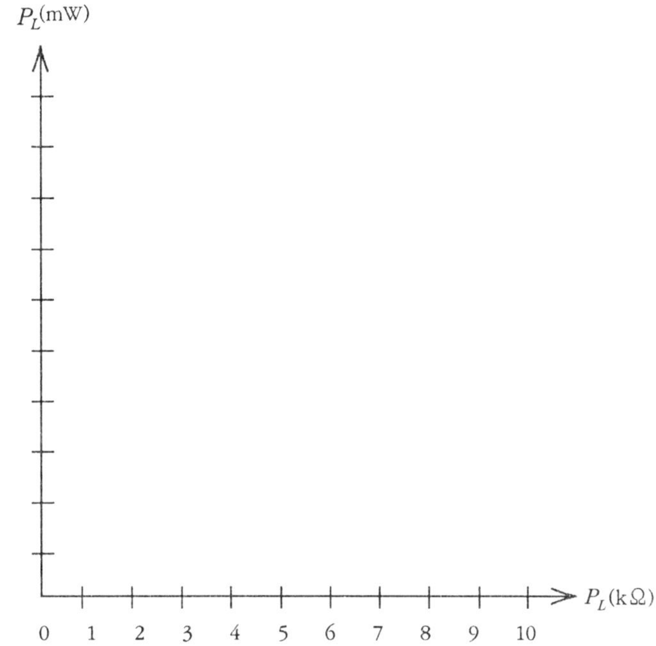

[그림 6-31] 저항과 전력의 변화곡선

제 7 장

콘덴서 및 코일

7-1 | 커패시턴스

절연체를 사이에 두고 두 도체간에 전위차가 존재하면 [그림 7-1]과 같이 전위가 높은 도체에 (+)의 전하가 낮은 도체에 같은 양의 (−)의 전하가 축적된다. 이때 축적되는 전하와 전위차가 직선적으로 비례하는 범위에서는

$$Q = CV[\mathrm{C}] \tag{7-1}$$

가 성립된다.

여기서 C는 비례계수인 회로정수로서 두 도체간의 커패시턴스(capacitance)라고 하며, 단위는 패러드(Farad[F])이다. 이것은 영국의 물리학자 패러데이(Faraday; 1791~1867)의 이름에서 따온 것이다.

1[F]는 1[V]의 전위차에 의해서 1[C]의 전하가 축적될 때의 커패시턴스이다. [F]는 너무 크므로 실용단위로 보통

$$1\,[\mu\mathrm{F}\,] = 10^{-6}\,[\mathrm{F}\,]$$

$$1\,[\mu\mu\mathrm{F}\,] = 1\,[\mathrm{PF}\,] = 10^{-12}\,[\mathrm{F}\,]$$

인 축소 단위를 쓴다.

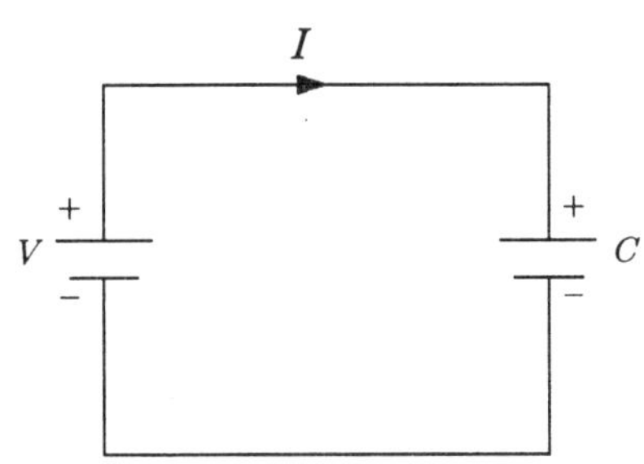

[그림 7-1] 커패시턴스의 극성

위와 같은 전기적 성질이 주로 커패시턴스인 구체적인 실물을 용량기(容量器), 축전기(蓄電器), 커패시터(capacitor) 또는 속칭 콘덴서(condenser)라고 한다.

이것은 일시적으로 전기를 축적하고 직류전류는 차단하며 교류전류는 통과시키는 기능이 있으며 기호는 [그림 7-2]와 같다.

(a) 무극성 콘덴서 (b) 유극성 콘덴서 (c) 가변콘덴서 (d) 트리머 콘덴서

[그림 7-2] 콘덴서 기호

예제 7-1 $1[\mu F]$의 콘덴서에 100[V]의 직류전압을 인가하면 충전되는 전하량은 얼마인가?

풀이 $Q=CV=1\times10^{-6}\times100=10^{-4}$ [C]

7-2 | 콘덴서의 종류

콘덴서는 마주보는 두 금속판 사이에 유전율이 높은 절연체를 삽입한 구조로 되어 있는데, 이 유전체의 물길에 따라 종이(paper) 콘덴서, 금속화 종이(metallized paper : MP) 콘덴서, 운모(mica) 콘덴서, 플라스틱 콘덴서, 세라믹 콘덴서 및 전해(electrolytic) 콘덴서 등으로 부른다. 또한 콘덴서를 크게 나누어 보면 커패스턴스의 값이 고정된 고정콘덴서와 이 값이 변하는 가변콘덴서로 나눌 수 있으며 그 종류는 〈표 7-1〉과 같다.

〈표 7-1〉 콘덴서의 종류

		종 류		용 도
고정콘덴서		페이퍼 콘덴서	왁스 튜블러	일반용, 라디오, TV, 저주파용
			오일 튜블러	일반용, 라디오, TV, 펄스회로용
		MP콘덴서	지관형	일반용, 라디오, TV, 저주파용
			애관형	일반통신기용
	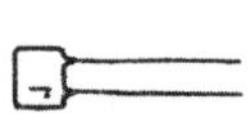	폴리에스테르 필름 콘덴서	튜블러	일반용, 라디오, TV용
			편평형	

		종 류		용 도
고정 콘덴서		스티롤 콘덴서		발진회로, 미적분회로용
		마이카 콘덴서		통신기 주로 고주파용
	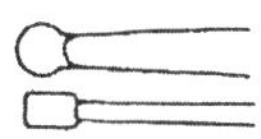	세라믹 콘덴서	티탄산 바륨계	일반용, 라디오, TV, 고주파용
			산화 티탄계	
	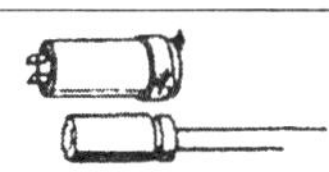	전해 콘덴서	알루미늄 전해	라디오, TV, 일반 저주파용
			탄탈 전해	
가변 콘덴서	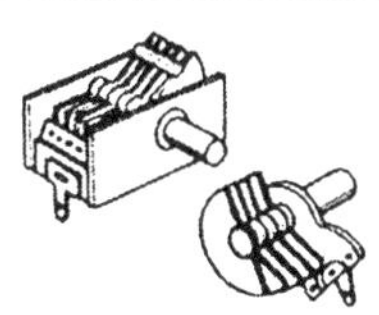	바리콘	에어 바리콘	라디오, TV, 혼합회로, 통신기의 동조회로
			폴리 바리콘	포터블라디오, 소형통신기의 동조·혼합
			세라믹 바리콘	
	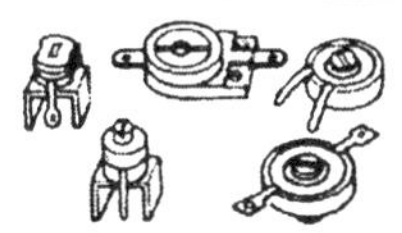	트리머	세라믹 트리머	라디오, TV, 통신기, 와이어리스 마이크의 동조 보정, 트래킹 등
			폴리 트리머	

7-3 | 콘덴서의 판독법

제조회사에 따라 표시법이 차이가 있으나 일반적으로 현재 많이 사용되고 있는 전해 콘덴서는 극성(긴 것이 +, 짧은 것이 −)과 용량이 표기되어 있어 판독의 어려움은 없으나, 세라믹 콘덴서와 마일러 콘덴서 등은 숫자로 그 용량을 문자와 숫자에 의해 허용오차와 사용 정격전압(내압)을 표시하고 있으므로 판독법을 익혀야 한다. 또한 크기가 작은 콘덴서는 컬러코드로 표기하기도 하는데 이 경우 저항의 컬러 표시방법과 같다.

(1) 정전용량

보통 3자리 숫자로 표시하며 앞의 두 자리는 유효숫자이고 세번째 숫자는 10의 승수를 나타낸다.

단위는 특별히 표시하지 않으면 PF을 의미하며 M의 표시는 μF을 나타낸다. 또한 숫자 중에 R은 소수점을 나타낸다. 예컨대

103인 표시값은 $10 \times 10^3 = 10000[\mathrm{PF}]$

$4R3 = 4.3[\mathrm{PF}]$, · $33\mathrm{M} = 0.33[\mu\mathrm{F}]$

(2) 허용오차

오차는 다음과 같이 영문자로 표시한다.

영문자	F	G	J	K	M
오차(±%)	1	2	5	10	20

예컨대

$$123\mathrm{K} = 12 \times 10^3[\mathrm{PF}] = 12000[\mathrm{PF}] = 0.012[\mu\mathrm{F}] \pm 10[\%]$$

(3) 정격전압

정격전압은 연속하여 가할 수 있는 직류전압으로 숫자와 영문자의 곱으로 나타내는데 앞의 숫자는 10의 승수를 뒤의 영문자는 다음과 같은 유효숫자를 나타낸다. 예컨대

문자	A	B	C	D	E	F	G	H	J	K
유효숫자	1.0	1.25	1.6	2.0	2.5	3.15	4.0	5.0	6.3	8.0

$2\mathrm{D} = 10^2 \times 2.0 = 200[\mathrm{V}]$

$3\mathrm{G} = 10^3 \times 4.0 = 4000[\mathrm{V}]$

예제 7-2 콘덴서의 표면에 (2H 472K)와 같이 표기되어 있을 때 용량, 내압, 오차는 각각 얼마인가?

풀이 용량 : $472 = 47 \times 10^2 = 4700[\mathrm{PF}] = 0.0047[\mu\mathrm{F}]$

내압 : $2\mathrm{H} = 10^2 \times 5 = 500[\mathrm{V}]$

오차 : $\mathrm{K} = \pm 10[\%]$

예제 7-3 내압 400[V], 용량 0.1[μF], 오차 ±5%인 콘덴서를 찾으려 한다. 콘덴서 표면에 어떻게 표기되어 있어야 하는가?

풀이 내압 : 400[V] = 2G

용량 : 0.1[μF] = 100000[PF] = 10×10^4[PF]

이므로 용량 숫자는 104, 오차 ±5[%]는 J이므로 (2G 104J)로 표기되어 있다.

7-4 | 콘덴서의 접속

(1) 직렬접속

[그림 7-3]과 같이 콘덴서를 직렬접속했을 때 전체전압 V_T는

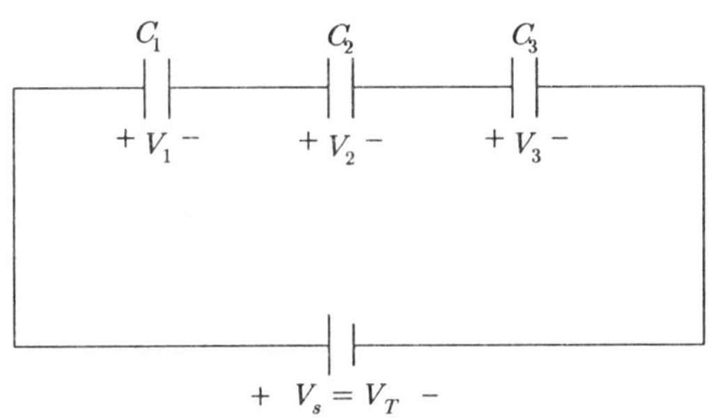

[그림 7-3] 콘덴서의 직렬접속

$$V_T = V_1 + V_2 + V_3$$

식 $V = \dfrac{Q}{C}$로 나타내면

$$\frac{Q_T}{C_T} = \frac{Q_1}{C_1} + \frac{Q_2}{C_2} + \frac{Q_3}{C_3}$$

여기서 각 콘덴서는 정전유도에 의해 같은 양의 전하가 축적되므로 전체 합성커패시턴스 C_T는

$$Q_T = Q_1 = Q_2 = Q_3$$

$$\frac{1}{C_T} = \frac{1}{C_1} + \frac{1}{C_2} + \frac{1}{C_3}$$

따라서 일반적으로 n개의 콘덴서가 직렬접속된 경우는

$$C_T = \frac{1}{\frac{1}{C_1} + \frac{1}{C_2} + \frac{1}{C_3} + \cdots + \frac{1}{C_n}} \text{[F]} \qquad (7-2)$$

로서 전체 합성커패시턴스는 가장 작은 커패시턴스보다 작으며 계산은 저항의 역수인 컨덕턴스의 계산법과 유사하다.

(2) 병렬접속

[그림 7-4]와 같이 콘덴서를 병렬접속했을 때 실효극판면적이 증가하므로 각 콘덴서에서 축적된 전하의 합이 총 축적된 전하가 되므로

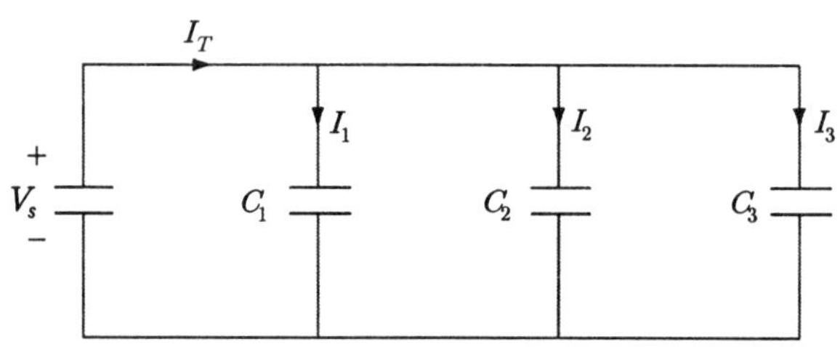

[그림 7-4] 콘덴서의 병렬접속

$$Q_T = Q_1 + Q_2 + Q_3$$
$$C_T V_T = C_1 V_1 + C_2 V_2 + C_3 V_3$$

에서 병렬지로의 전압은 같으므로

$$V_T = V_1 + V_2 + V_3$$

식의 관계에서 전체 합성커패시턴스 C_T는

$$C_T = C_1 + C_2 + C_3$$

따라서 일반적으로 n개의 콘덴서가 병렬접속일 경우는

$$C_T = C_1 + C_2 + C_3 + \cdots + C_n \text{ [F]} \qquad (7-3)$$

로서 전체 합성커패시턴스는 모든 커패시턴스의 합이 된다.

예제 7-4 1[μF], 2[μF], 3[μF]인 3개의 커패시턴스가 직렬접속일 때와 병렬접속일 때의 합성커패시턴스를 각각 구하여라.

풀이 직렬접속일 때 합성커패시턴스는

$$C_T = \frac{1}{\frac{1}{1}+\frac{1}{2}+\frac{1}{3}} = \frac{6}{11}\,[\mu\text{F}]$$

병렬접속일 때 합성커패시턴스는

$$C_T = 1+2+3 = 6\,[\mu\text{F}]$$

7-5 | 콘덴서의 충전과 방전

콘덴서는 전자의 전하를 축적하고 유지하는 충전의 기능과 축적된 전하를 회로를 통하여 방출시키는 방전의 기능을 한다.

(1) 충 전

[그림 7-5]와 같이 $R-C$ 회로에 직류전압이 공급될 때, 스위치의 위치를 1로 하면 충전전류 I_C가 흐르기 시작하여 (+)전하는 콘덴서 위판에 (−)전하는 콘덴서의 아래판으로 이동된 전하들이 분리되어 축적된다.

이때 전하의 이동은 한 순간에 이루어질 수 없으므로 완전히 충전될 때까지 지연시간이 걸린다.

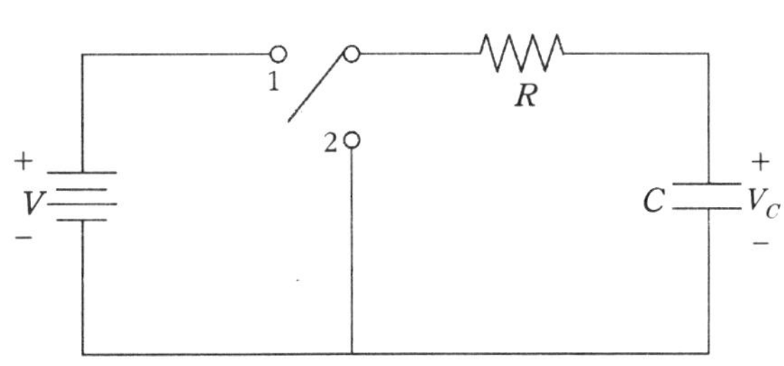

[그림 7-5] $R-C$ 회로

축적된 전하량에 비례하는 콘덴서의 전압 V_C는 식 (7-4)와 같이 지수함수적으로 증가하게 되어 충분한 시간이 경과되면 인가된 전압 V에 근접한다.

$$V_C(t) = V\left(1 - e - \frac{t}{RC}\right) \tag{7-4}$$

식 (7-4)에서 시간 t가 RC와 같아지면

$$V_C(t) = V(1 - 2.718^{-1}) = 0.632\ V$$

와 같이 V_C는 인가전압 V의 63.2[%]까지 충전된다.

이때 걸리는 시간을 시정수(time constant)라고 정의하며 그 값은 회로소자의 저항과 커패시턴스의 곱으로 된다. 즉 시정수 τ는

$$\tau = RC[\mathrm{sec}] \tag{7-5}$$

[그림 7-6]은 콘덴서의 충전과 방전을 시정수에 따라 나타낸 곡선이다.

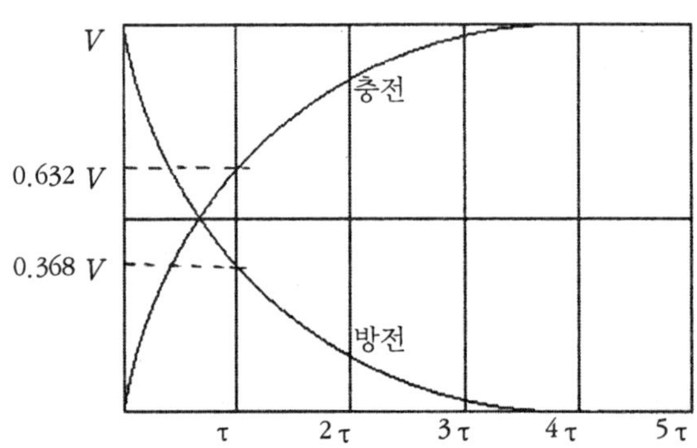

[그림 7-6] 콘덴서의 시정수 곡선

(2) 방 전

[그림 7-5]의 회로에서 콘덴서가 충분히 충전된 다음 스위치의 위치를 2로 하면 콘덴서에 충전된 전하는 저항소자를 통하여 방전하게 된다. 이때 방전회로도 충전할 때와 마찬가지로 콘덴서의 양단전압 V_C는 식 (7-6)과 같이 지수함수적으로 감소한다.

$$V_C(t) = Ve^{-\frac{t}{RC}} \tag{7-6}$$

이때 시정수 τ는 콘덴서의 최대 충전전압의 36.8[%]가 되기까지 걸리는 시간으로 충전할 때와 같은 $\tau = RC$[sec]이다.

예제 7-5 [그림 7-7]과 같은 회로에서 시정수와 SW를 닫았을 때, 50[μs] 동안 콘덴서에 충전되는 전압을 구하여라.

풀이 시정수 τ는

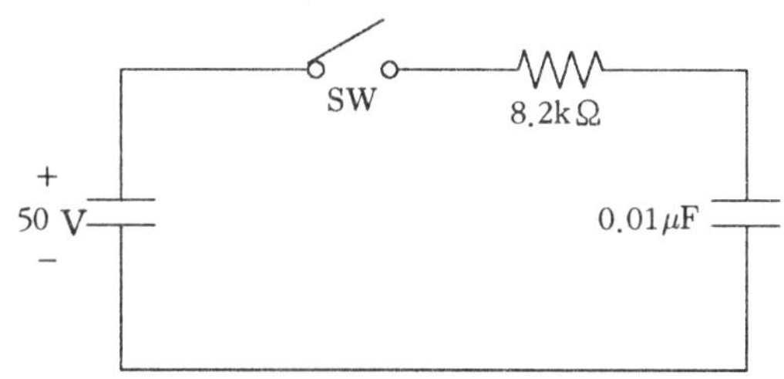

[그림 7-7]

$$\tau = RC = (8.2 \times 10^{-3}) \times (0.01 \times 10^{-6}) = 82[\mu s]$$

충전전압 V_C는

$$V_C = V\left(1 - e^{-\frac{t}{RC}}\right) = 50\left(1 - 2.718^{-\frac{50}{82}}\right)$$
$$= 50(1 - 2.718^{-0.61}) = 22.8[V]$$

예제 7-6 [그림 7-8]과 같은 회로에서 SW를 닫았을 때 6[ms]에서 콘덴서의 방전전압을 구하여라.

풀이 $\tau = RC$
$= (10 \times 10^3) \times (2 \times 10^{-6}) = 20[ms]$

이므로 방전전압 V_C는

$$V_C = Ve^{-\frac{t}{RC}}$$
$$= 10e^{-\frac{6}{20}} = 7.41[V]$$

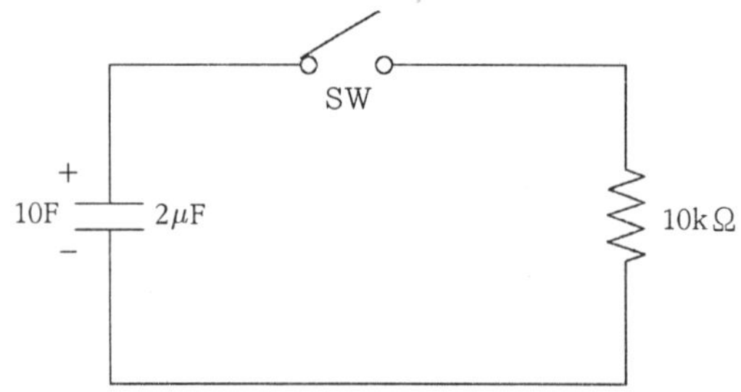

[그림 7-8]

7-6 | 코 일

(1) 인덕턴스

전류가 흐를 때 자력선을 발생시키는 소자로 도선을 나선형으로 감은 것을 유도기(誘導器), 권선기(捲線器), 인덕터(inductor) 또는 속칭 코일(coil)이라고 하며, 이것은 전자석, 고전압 발생, 변성기, 공진 및 상호유도작용 등에 이용된다. 코일의 특성을 나타내는 회로정수를 인덕턴스(inductance)라고 하며, 영문자 기호 L, 단위는 헨리(Henry [H])이다. 이것은 미국의 물리학자 헨리(Henry ; 1797~1878)의 이름에서 따온 것이다.

1[H]는 1[A]의 전류에 의하여 생기는 자속쇄교수가 1[Wb−T]일 때의 인덕턴스이다.

(2) 코일의 종류

코일의 종류에는 용도에 따라 저주파용, 고주파용 코일 등으로 구분한다. 저주파 코일에는 저주파 초크코일, IPT(Input Transformer), OPT(Output Transformer), 전원 트랜스(Power Transformer) 등이 있고, 고주파 코일에는 IFT(Intermediate Frequency Transformer), OSC(발진코일), ANT코일, 동조코일 등이 있다. 또 그 모양에 따라 단층 솔레노이드, 다층 솔레노이드가 있으며 미소 인덕턴스의 구현을 위해 기판 위에 인쇄된 프린트 코일이 있으며, 이들의 외형은 [그림 7−9], 기호는 [그림 7−10]에 나타내었다.

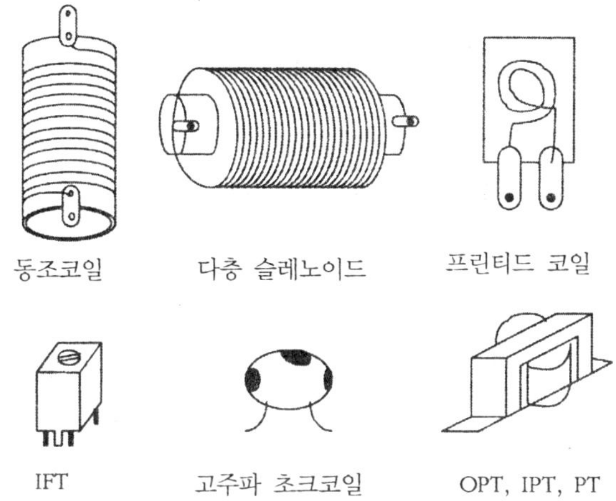

[그림 7-9] 코일의 종류

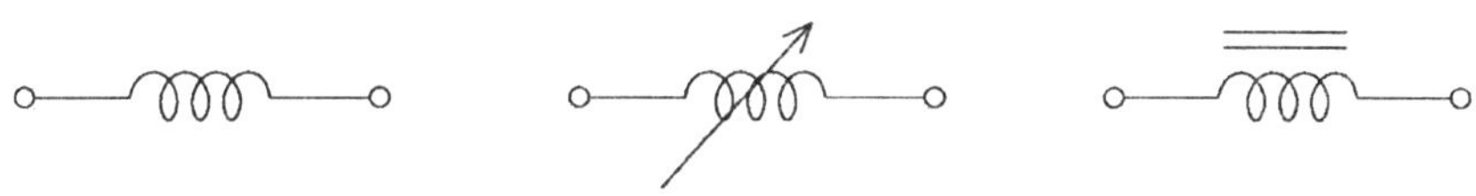

(a) 고정코일 (b) 가변코일 (c) 철심코일

[그림 7-10] 코일의 기호

(3) 코일의 판독법

피킹과 초크코일의 경우 인덕턴스(L)값이 제품 표면에 색코드로 표기되어 있다. 식별방법은 저항 색코드와 비슷하게 제 1, 2자리는 유효숫자, 제 3자리는 10의 승수, 제 4자리는 오차를 나타내는 것으로 단위는 [μH]인 것만 다르다.

예제 7-7 [그림 7-10]과 같은 코일의 인덕턴스[mH]를 구하여라.

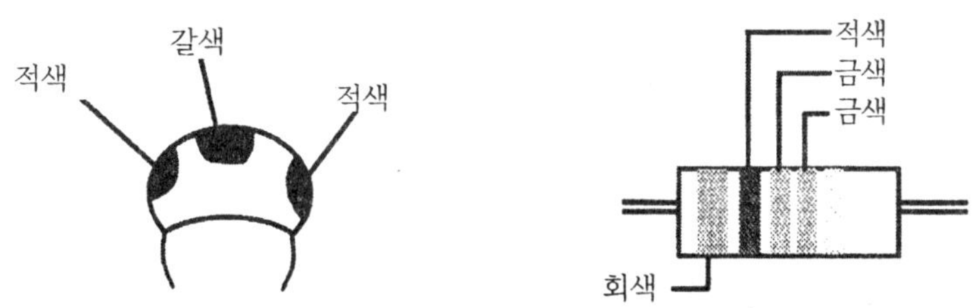

(a) 피킹코일 (b) 초크코일

[그림 7-10]

풀이 (a) $L = 21 \times 10^2 [\mu\text{H}] = 2.1 [\text{mH}]$

(b) $L = 82 \times 10^{-1} [\mu\text{H}] = 0.0082 [\text{mH}] \ \pm 5 [\%]$

(4) 코일의 접속

1) 직렬접속

코일이 [그림 7-11]과 같이 직렬접속 되었을 때에는 전체 합성인덕턴스 L_T는 개별적인 인덕턴스의 합이 된다. 즉

$$L_T = L_1 + L_2 + L_3 [\text{H}]$$

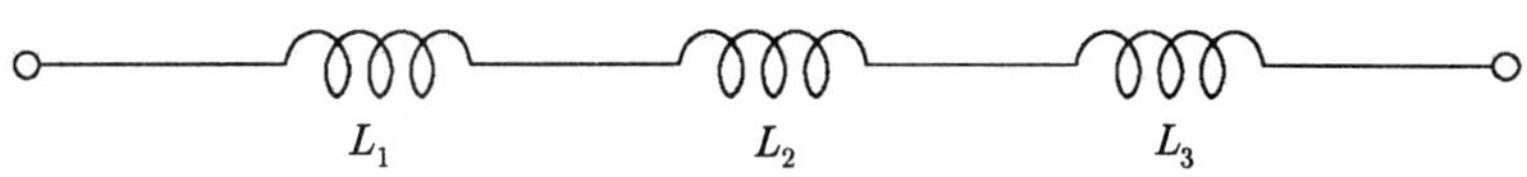

[그림 7-11] 직렬접속

따라서 일반적으로 n개의 인덕턴스가 직렬접속된 경우는

$$L_T = L_1 + L_2 + L_3 + \cdots + L_n [\text{H}] \qquad (7\text{–}7)$$

2) 병렬접속

[그림 7-12]와 같이 병렬접속되었을 때에는 총 인덕턴스 L_T의 역수는 개별적인 인덕턴스의 역수의 합으로 감쇠된다. 즉

$$\frac{1}{L_T} = \frac{1}{L_1} + \frac{1}{L_2} + \frac{1}{L_3}$$

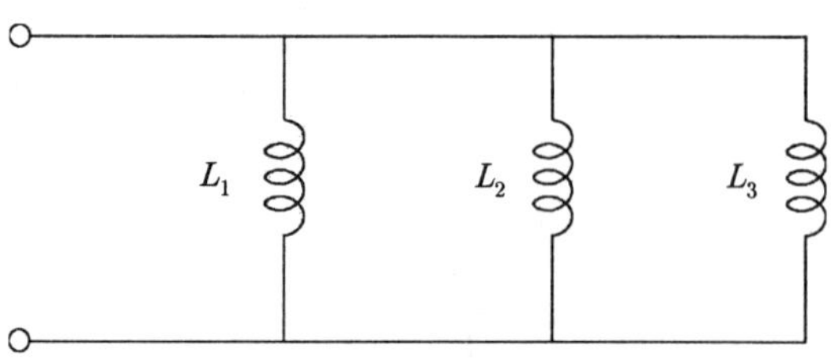

[그림 7-12] 병렬접속

따라서 일반적으로 n개의 인덕턴스가 병렬접속된 경우는

$$L_T = \frac{1}{\frac{1}{L_1} + \frac{1}{L_2} + \frac{1}{L_3} + \dots + \frac{1}{L_n}} \quad [\mathrm{H}] \tag{7-8}$$

예제 7-8 1[H], 2[H], 3[H]인 3개의 인덕턴스가 직렬접속일 때와 병렬접속일 때의 전체 합성인덕턴스를 각각 구하여라.

풀이 직렬접속일 때 합성인덕턴스는

$$L_0 = 1 + 2 + 3 = 6[\mathrm{H}]$$

병렬접속일 때 합성인덕턴스는

$$L_0 = \frac{1}{\frac{1}{1} + \frac{1}{2} + \frac{1}{3}} = \frac{6}{11}[\mathrm{H}]$$

실험 7-1 콘덴서의 용량측정

목 적

콘덴서의 규격표시에 의한 판독값과 디지털 LCR 미터에 의한 측정값을 비교하고 콘덴서의 특징을 알아본다.

예비과제

1. 극성을 갖는 콘덴서의 종류를 들어라.
2. 콘덴서의 단위와 단위 사이의 환산 관계를 설명하여라.
3. 회로시험기를 사용하여 콘덴서의 양부를 판정하는 방법을 설명하여라.
4. 〈표 7-2〉와 같은 콘덴서의 빈칸을 채워라.

〈표 7-2〉

구분	형 명	정전용량	허용오차	정격전압
1	2H 222K			
2	2B 105M			
3	2A 104K			
4		1,200PF	±5%	1600V
5		30,000PF	±10%	400V

준비물

디지털 LCR 미터

고정 콘덴서 10개

실 험

주어진 콘덴서(10개)의 규격표시를 〈표 7-3〉에 기록하고 판독값과 측정값을 기입하여라.

실험결과 보고서

학과(전공)		학번		성명	
공동실험자				일자	20 년 월 일

1. 제목 : 콘덴서의 용량측정
2. 이론요약

3. 실험결과

〈표 7-3〉 콘덴서의 규격표시 판독

구분	콘덴서의 표시	판독정전용량(μF)	정격전압(V)	허용오차(%)	측정정전용량(μF)
1					
2					
3					
4					
5					
6					
7					
8					
9					
10					

4. 실험결과에 대한 의견 및 배운 점

실험 7-2 코일에서 인덕턴스 측정

목 적

코일의 색코드에 의한 판독값과 디지털 LCR 미터에 의한 측정값을 비교하고 코일의 특징을 알아본다.

예비과제

1. 코일의 용도와 그 작용에 대해서 설명하여라.
2. 코일의 인덕턴스와 단위에 관하여 설명하여라.
3. 〈표 7-4〉과 같은 코일의 색코드를 보고 인덕턴스값과 오차를 판별하여라.

〈표 7-4〉

구분	색 코 드				인덕턴스값	오차 (±%)
1	갈	흑	갈	금		
2	황	자	흑	금		
3	청	회	갈	은		
4	회	적	적	금		
5	적	황	흑	금		

준비물

디지털 LCR 미터

코일 10개

실 험

주어진 코일(10개)의 색코드를 〈표 7-5〉에 기록하고 판독값과 측정값을 기록하여라.

실험결과 보고서

학과(전공)		학번		성명	
공동실험자				일자	20 년 월 일

1. 제목 : 코일에서 인덕턴스 측정
2. 이론요약

3. 실험결과

〈표 7-5〉 코일의 규격표시 판독

구분	코일의 표시				판독인덕턴스 (μF)	허용오차 (%)	측정인덕턴스 (μF)
	제1색띠	제2색띠	제3색띠	제4색띠			
1							
2							
3							
4							
5							
6							
7							
8							
9							
10							

4. 실험결과에 대한 의견 및 배운 점

실험 7-3 콘덴서의 충전과 방전

목 적

$R-C$ 직렬회로에서 시정수(τ)에 따른 콘덴서의 특성과 시정수의 개념을 이해하고 충전과 방전 특성은 실험을 통해서 확인한다.

예비과제

1. [그림 7-13]과 같은 회로에서 다음을 구하여라.

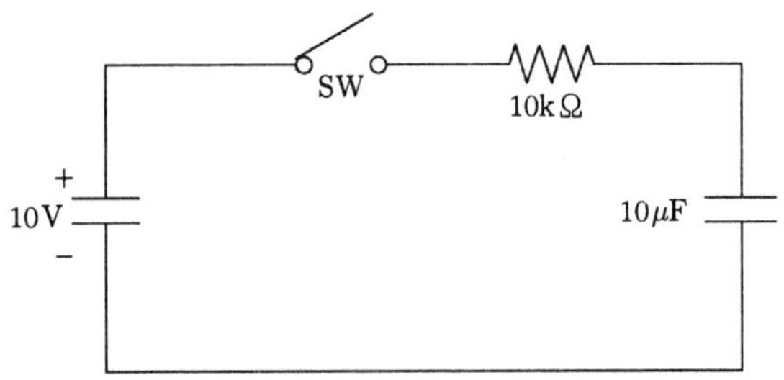

[그림 7-13]

(a) 회로의 시정수 τ를 구하여라.

(b) 스위치 SW를 닫는 순간에 회로에 흐르는 전류 i 및 콘덴서와 저항 양단의 전압 v_c, v_R을 구하여라.

(c) 스위치 SW를 닫은 후 $t=\tau$, $t=2\tau$, $t=4\tau$에서 회로에 흐르는 전류를 구하고 v_c, v_R의 값이 어떻게 변화하는지 그래프로 나타내어라.

2. 〈표 7-6〉의 계산값을 구하고 기입하여라.

준비물

직류전원공급기, 회로시험기, 브레드보드

저항(100kΩ)

콘덴서(100μF)

스위치(리드선 사용해도 무방)

초시계

실 험

1. [그림 7-14]와 같은 회로를 브레드보드에 구성하고, $R-C$값을 이용하여 시정수(τ)를 구한 다음, 각 시정수에 따라 충전 및 방전전압을 측정하여 〈표 7-6〉에 기입하여라. (실험전에 C를 방전시켜 양단의 초기값이 0인 상태에서 실험을 행한다.

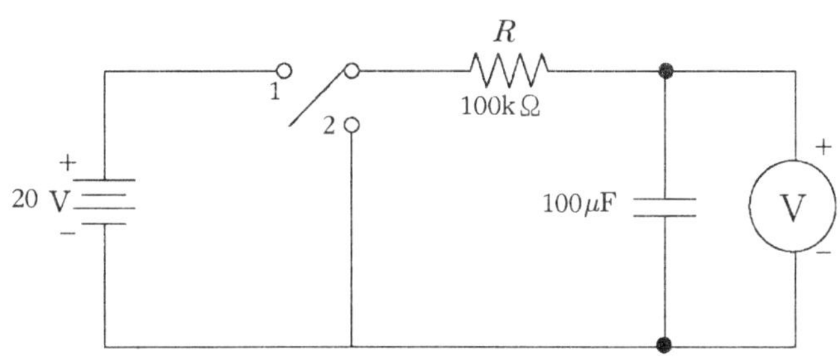

[그림 7-14]

2. 실험이 끝난 후 〈표 7-6〉에 의한 충전과 방전전압의 변화를 [그림 7-15]에 나타내어라.

실험결과 보고서

학과(전공)		학번		성명	
공동실험자				일자	20 년 월 일

1. 제목 : 콘덴서의 충전과 방전
2. 회로도

3. 실험결과

〈표 7-6〉 시정수에 따른 충전과 방전 전압

시정수		충전전압		방전전압		오차	
τ수	시간(S)	계산값	측정값	계산값	측정값	충전전압	방전전압
1(τ)							
2(τ)							
3(τ)							
4(τ)							
5(τ)							

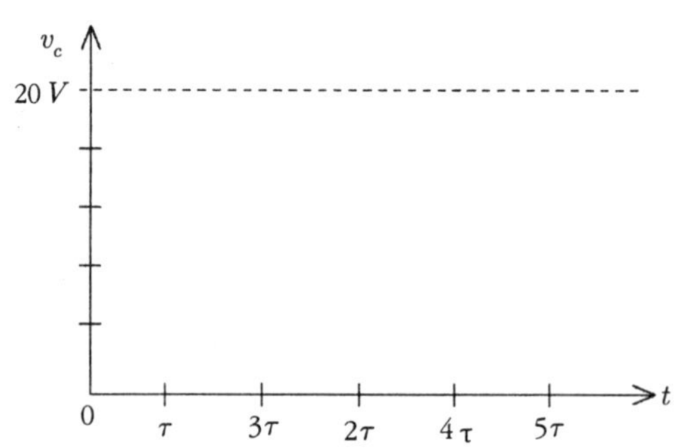

[그림 7-15] 충전과 방전곡선

4. 실험결과에 대한 의견 및 배운 점

제 8 장

저주파발진기 및 오실로스코프

8-1 저주파발진기

8-2 오실로스코프의 구성과 회로방식

8-3 아날로그 오실로스코프

8-4 디지털 오실로스코프

▸ **실험 8-1** 오실로스코프로 전압, 주기 및 주파수측정

▸ **실험 8-2** 리사쥬도형에 의한 파형관측 및 위상측정

8-1 저주파발진기

저주파발진기(Audio Frequency generator ; AF generator, 가청주파발진기)는 300[kHz] 이하의 교류신호를 발생시켰으나, 최근에는 전자기술의 발달로 1[MHz] 내의 신호를 발생시키는 제품이 많이 출시되었다.

[그림 8-1]은 ED사의 AG-1740 저주파발진기로서 10[Hz]~1[MHz]의 출력주파수에 대하여 왜곡이 작은 정현파와 구형파의 출력을 얻을 수 있다. 출력은 5단계의 감쇠기(attenuator)와 진폭(amplitude)을 조정하여 임의의 출력을 얻을 수 있다.

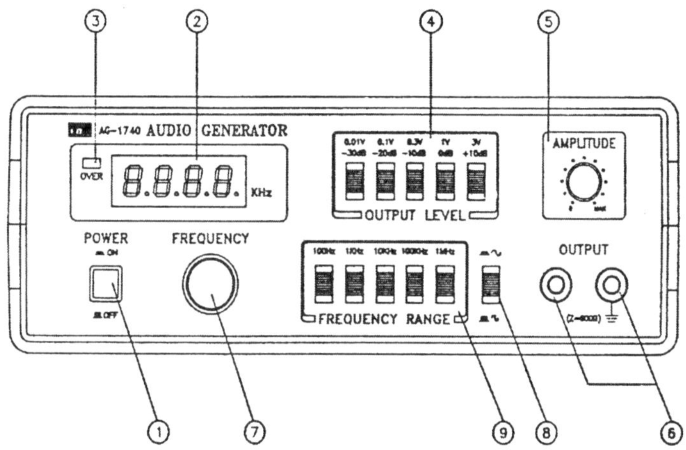

[그림 8-1] 저주파발진기의 전면

(1) 명칭 및 기능

[그림 8-1]에서 번호의 명칭과 기능은 다음과 같으며 이는 AG-1740 장비의 매뉴얼을 이용하였다.

① Power : 전원을 ON 또는 OFF시킨다.

② Display Panel : 주파수를 나타내는 표시창이다.

③ Over : 숫자지시가 Over Flow되고 있음을 표시한다.

④ Attenuator : 5단계의 스위치로 되어 있으며 각 단계는 10[dB]씩 변경시킨다.

⑤ Amplitude : 출력전압의 크기를 변경시키는 손잡이이다.

⑥ Output : 출력단자로서 적색이 출력, 검정색이 GND 단자이다.

⑦ Frequency : 주파수를 가변하여 원하는 주파수를 얻게 한다.

⑧ ∿, ⎍ 선택 : 정현파 또는 구형파를 선택하는 스위치이다.

⑨ Frequency Range : 5단계의 스위치로 각 단계는 적당한 주파수의 크기를 선택하게 한다.

(2) 사용방법

① 출력 Cord를 출력단자 ⑥번에 연결한다.

② 원하는 주파수를 위하여 Frequency Range 스위치 ⑨번을 선택한다.

③ 필요한 출력을 위하여 Output Level ④번을 선택한다.

④ 전원스위치 ①번을 ON한다.

⑤ ∿, ⎍ 선택스위치를 눌러서 정현파 또는 구형파를 선택한다.

⑥ Frequency 손잡이를 돌려서 필요한 주파수를 얻는다.

⑦ 필요한 출력을 위하여 Amplitude ⑤번을 조정한다.

8-2 | 오실로스코프의 구성과 회로방식

오실로스코프(Oscilloscope : OSC)는 일반 계기로는 측정할 수 없는 높은 주파수, 펄스전압, 충격성 전압, 주기파형 등을 시간적으로 측정하여 회로를 분석하는 데 매우 중요한 측정장치이다.

(1) 구 성

오실로스코프의 간략한 구성은 [그림 8-2]와 같이 전자빔조정 시스템, 수직 및 수평편향 시스템, 트리거 시스템으로 구성된다.

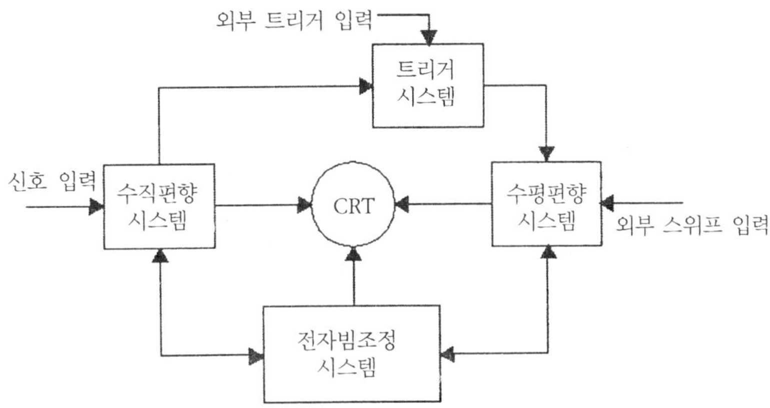

[그림 8-2] 오실로스코프의 구성

1) 전자빔조정 시스템

전자류를 만들고 위치를 정하는데 필요한 전원을 공급하며, 궤적을 선명하게 하고 파형촛점의 조정 및 휘도의 세기를 조정한다.

2) 수직편향 시스템

입력신호 파형을 받아들이고 증폭 또는 감쇠시킨다.

3) 수평편향 시스템

수평스위프 발진기와 수평편향 증폭기로 구분되며, 수평스위프 발진기는 음극선관의 면에서 편향되는 데 요구되는 이득을 얻는 톱니파를 만드는 발진기이다. 또한 수평편향 증폭기는 외부에서 발생된 스위프파형을 받아들일 수 있도록 되어 있다.

4) 트리거 시스템

수평스위프 발진기의 시간을 정하는데 필수적이며, 동기 또는 트리거펄스는 입력파형의 정해진 점에서 스위프발진기가 연속적으로 시작되도록 한다.

또한 적절한 트리거 작용으로 음극선관의 표면상에서 입력신호가 안정하게 표시되도록 된다.

(2) 회로방식

오실로스코프의 회로방식에는 아날로그 방식과 디지털 방식이 있다.

아날로그 방식은 트랜지스터와 연산증폭기들로 회로가 구성되고 표시기도 진공관으로 된 정전편향식 CRT를 사용한다. 응답이 빠른 장점은 있으나 무겁고 부피가 크며 측정자료의 기록에는 불리하다.

디지털 방식은 입력신호를 증폭한다면 A/D 변환하여 처리하고 LCD 화면에 표시한다. 작고 가벼우며 메모리 기능이 있어 편리한 반면 응답이 다소 늦다.

8-3 | 아날로그 오실로스코프

(1) 단자기능

아날로그 오실로스코프의 전면에 있는 조정단자들의 형태, 위치, 기능 등은 제조회사에 따라 약간씩 다르지만 근본적인 기능은 거의 같다. [그림 8-3]과 같은 2현상 오실로스코프의 그림에서의 번호는 다음 단자기능에 대한 설명의 번호와 같다.

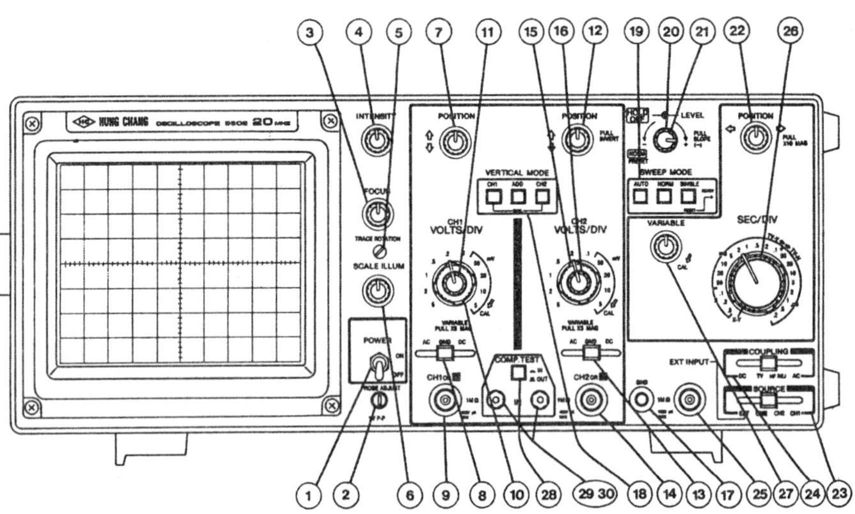

[그림 8-3] 2현상 오실로스코프의 전면

① Power : 전원 스위치
② Probe Adjust : 교정용 기준신호 단자
③ Focus : 관면파형을 선명하게 조정
④ Intensity : 휘선 및 휘점의 밝기를 조정
⑤ Trace Rotation : 지자기의 영향으로 휘선이 기우는 것을 조정
⑥ Scale Illum : 눈금의 밝기를 조정
⑦ ⑫ Position : CH1, CH2의 수직위치 조정
⑧ ⑬ AC－GND－DC : 수직입력 절환 스위치
⑨ ⑭ CH1 or X, CH2 or Y : CH1, CH2의 수직측 입력단자
⑩ ⑮ Volts/Div : CH1, CH2의 수직감쇠기로 5mV－5V/Div 간을 10단계로 절환
⑪ ⑯ Variable Pull×5Mag : CH1, CH2의 수직감쇠기 미세조정 스위치
⑰ GND : 본체의 접지단자
⑱ Vertical Mode : 수직측 입력신호의 선택
⑲ Sweep Mode : 화면표현 방식 선택
⑳ Hold－off : 시계방향으로 돌리면 시간이 길어지게 시간을 가변시킴.
㉑ Trig Level : 동기 Level 조정
㉒ Position Pull×10Mag : 수평위치 조정 스위치
㉓ Source : 신호원 종류 선택스위치
㉔ Coupling : 동기신호의 결합방식을 선택하는 스위치
㉕ EXT Input : 외부 트리거 입력단자 스위치
㉖ SEC/DIV : 수평 소인시간을 설정하는 스위치
㉗ Variable : 소인시간의 미세 조정기
㉘ Comp Test : 검사할 부품의 연결단자

(2) 프로브

피측정회로의 전압을 일반 도선으로 오실로스코프의 입력단자에 연결하면 전기장 또는 자기장에 의한 잡음신호가 입력신호에 중첩된다. 이러한 현상을 줄이기 위하여 동축케이블로 된 프로브(probe)를 사용한다. 프로브에는 입력신호를 감쇠 없이 입력단자에 연결해 주는 배율×1인 프로브와 1/10로 감쇠시켜서 전송해 주는 프로브가 있다.

[그림 8-4] 교정용 트리머 조정

오실로스코프의 화면에서 구형파의 윗부분이나 일부분이 경사지거나 뾰족하게 되면 프로브의 트리머 콘덴서를 조정하여 [그림 8-4]와 같이 교정신호가 정확한 구형파가 되게 하여야 한다.

(3) 기본조작 및 교정

1) 오실로스코프를 동작시키기 전에 다음과 같이 조작한다.
   ① Power 스위치 ①을 OFF
   ② Position ⑦, ⑫, ㉒ 각각의 손잡이를 중앙에 둔다.
   ③ Intensity ③의 손잡이를 중앙에 둔다.
   ④ Trig Level ㉑의 손잡이를 Preset에 위치
   ⑤ Sweep Mode ⑲ 스위치는 Auto에 위치
   ⑥ Pull×10 Mag ㉒ 손잡이를 Push
2) 이상의 조작을 마친 후 AC전원 Cord를 AC Line에 접속한다.
3) Power 스위치를 ON하면 약 20초 후에 화면상에 휘선이 나타난다. 만약 휘선이 나타나지 않으면 Intensity를 시계방향으로 돌려준다.
4) 휘선이 선명하게 관측 가능하도록 Focus와 Intensity를 조정한다.
5) Vertical과 Horizontal Position으로 관측파형을 보기 쉬운 위치로 맞추어 준다.
6) CH1에 Probe(10 : 1)를 접속해서 Probe의 Hook을 Cal 1[V]단자에 접속해 준다. 이때 AC－GND－DC 스위치는 DC에 위치해둔다.
7) CH1의 수직감쇠기 Volt/Div 스위치 20mV/Div에 놓고 Variable을 시계방향으로 돌려서 Cal의 위치로 하고, Trig Source는 CH1에 설정해 준다. 이때 화면상에는 5Div의 방형파가 나타난다. 이 파형이 정확하지 않을 때는 프로브 트리머 조정하여 파형을 정확하게 만든다.

(4) 직류전압 측정

Trig Level Auto에 AC−GND−DC를 DC에 Volts/Div을 적당한 배율에 놓고 기준선과 휘선사이의 레벨을 측정한다.

직류전압=Volts/Div 배율×칸 수×프로브의 감쇠비

예제 8-1 [그림 8-5]에서 Volts/Div의 배율은 2[V/Div]이며, 프로브의 감쇠비가 1/10일 때 직류전압을 구하여라.

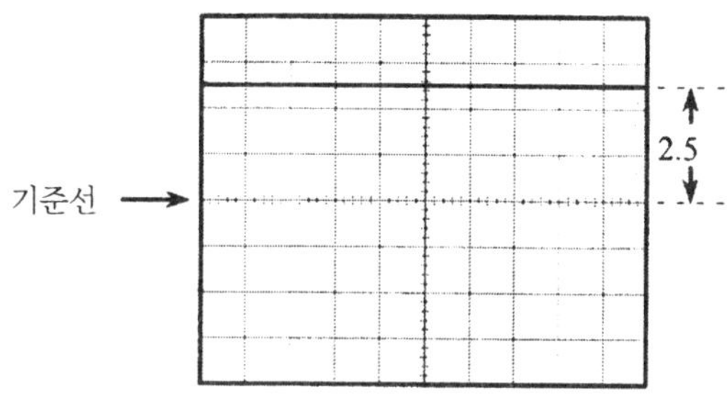

[그림 8-5]

풀이 직류전압

$V = 2[\text{V/Div}] \times 2.5[\text{Div}] \times (1/10) = 0.5[\text{V}]$

(5) 교류전압 측정

Trig Level Auto에 AC−GND−DC를 AC에 Volts/Div를 적당한 배율에 놓고 진폭과 Volts/Div의 배율로부터 전압을 다음과 같이 측정한다.

교류전압의 진폭 V_{pp} =Volts/Div

=Volts의 배율×칸 수×프로브의 감쇠비

교류전압의 최대값 $V_p = \dfrac{V_{pp}}{2}$

교류전압의 실효값 $V_s = V = \dfrac{V_p}{\sqrt{2}} = \dfrac{V_{pp}}{2\sqrt{2}} = 0.707\,V_p$

예제 8-2 [그림 8-6]에서 Volts/Div의 배율은 0.05[V/Div]이며, 프로브의 감쇠비는 1일 때 교류전압 V_{pp}를 구하여라.

풀이 $V_{pp} = 0.05[\text{V/Div}] \times 4[\text{Div}] = 0.2[\text{V}]$

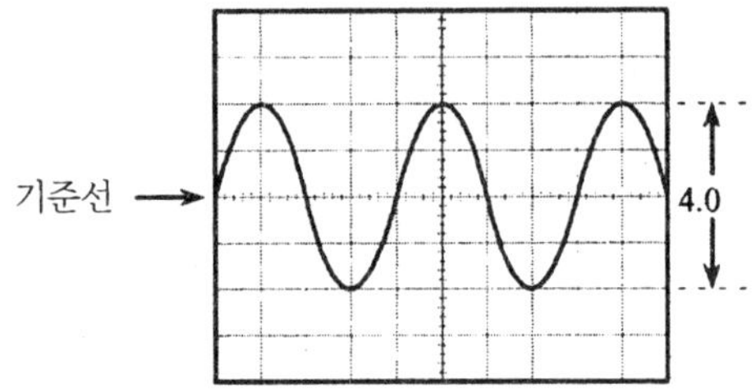

[그림 8-6]

(6) 주기와 주파수 측정

Time/Div을 조정하여 한 주기분 이상의 파형이 나타나도록 하고 수평 Position으로 파형을 수평눈금선에 맞추고, 수평거리와 Time/Div의 배율로부터 다음과 같이 측정한다.

$$\text{주기 } T = \text{Time/Div의 배율} \times \text{수평칸 수}$$

$$\text{주파수 } f = \frac{1}{T}[\text{Hz}]$$

예제 8-3 [그림 8-7]에서 Time/Div의 배율이 0.05[ms/Div]일 때 주기 T와 주파수 f를 구하여라.

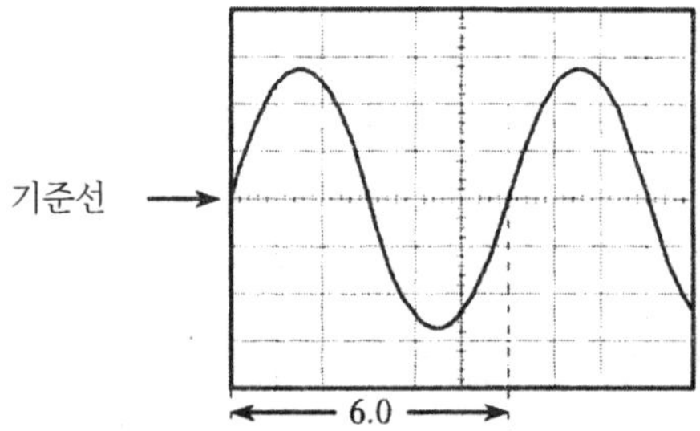

[그림 8-7]

풀이 $T = 0.5[\text{ms/Div}] \times 6[\text{Div}] = 3[\text{ms}]$

$$f = \frac{1}{T} = \frac{1}{3[\text{ms}]} = 0.333[\text{kHz}]$$

(7) 위상차 측정

Vertical Mode의 스위치를 Dual에 놓고, 신호파형의 1주기가 8칸이 되도록 Time/Div 및 Variable을 조정하면 1주기(8Div)가 360° 이므로 수평축 1Div은 45° (360° /8=45°)의 위상이 되므로 위상차 θ는

$$\theta = 2\text{점간의 거리(Div)} \times 45^\circ = \frac{\text{위상편이의 수평거리(Div)}}{\text{1주기 동안의 수평거리(Div)}} \times 360^\circ$$

예제 8-4 [그림 8-8]에서 위상차 θ를 구하여라.

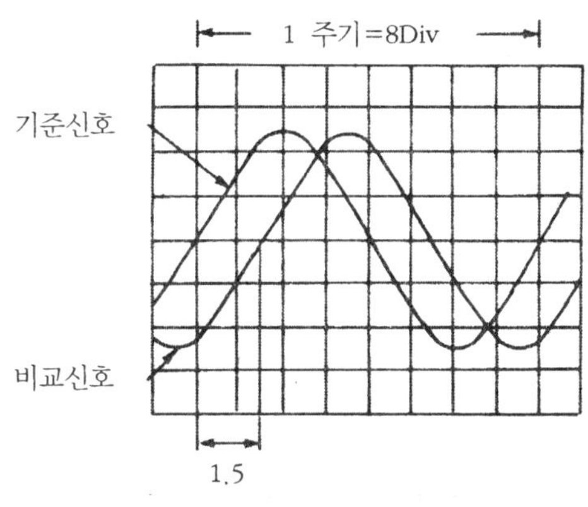

[그림 8-8]

풀이 $\theta = 1.5 \times 45^\circ = \frac{1.5}{8} \times 360^\circ = 67.5^\circ$

그런데 두 신호의 V_{pp}가 다를 경우에는 정확한 위상차를 구하기 어려우므로 이때는 리사쥬도형을 이용한다.

(8) 리사쥬도형을 이용한 주파수 및 위상측정

저주파발진기를 이용하여 2개의 신호주파수를 적당한 비율 1 : 1, 2 : 1, 3 : 2 등으로 조정하여 이 두 신호를 각각 오실로스코프의 입력단자인 CH1(X), CH2(Y)에

넣고, Time/Div 단자를 가장 오른쪽으로 돌려 X−Y위치로 전환하면 복잡한 파형이 나타나는데 이를 리사쥬도형(Lissajous Figure)이라 한다. 이와 같은 리사쥬도형을 이용하면 신호의 주파수, 위상 등을 비교 측정할 수 있다.

1) 주파수측정

수직축입력(CH1−Y)에 기지주파수를 수평축입력(CH2−X)에 미지주파수를 가하여 리사쥬도형이 나타나면 이 도형으로부터 미지주파수를 다음의 관계식으로부터 구할 수 있다.

$$\frac{\text{미지주파수}(f_x)}{\text{기지주파수}(f_y)} = \frac{\text{수평 입력주파수}}{\text{수직 입력주파수}} = \frac{\text{수직선과의 교차점 수}}{\text{수평선과의 교차점 수}}$$

예제 8-5 수직축에 기지주파수 f_y신호를 수평축에 미지주파수 f_x를 오실로스코프에 인가했을 때 리사쥬도형이 [그림 8-9]와 같다. 이때 미지주파수 f_y를 구하여라. 단, 수평축에 120[kHz]의 주파수로 인가하였다.

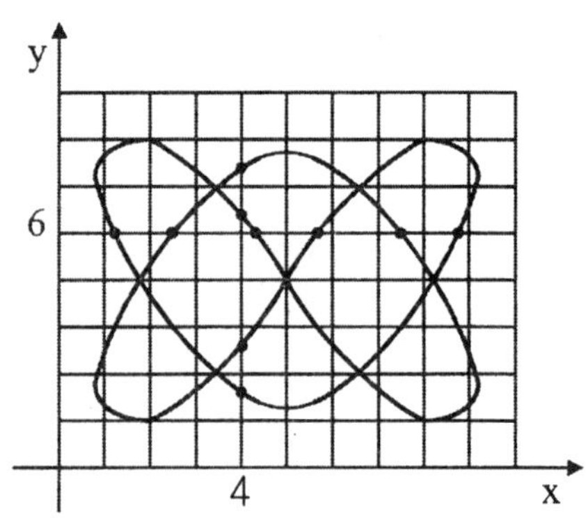

[그림 8-9]

풀이 $\dfrac{f_x}{f_y} = \dfrac{\text{수직선과의 교차점수}}{\text{수평선과의 교차점수}} = \dfrac{6}{4}$

$$f_y = \frac{4}{6} \times f_x = \frac{4}{6} \times 120\ [\text{kHz}] = 80\ [\text{kHz}]$$

2) 위상측정

CH1, CH2에 신호를 각각 입력하고 Time/Div를 X-Y모드로 위치하면 [그림 8-10]과 같은 리사쥬도형이 나타난다. 여기서 도형의 수직폭을 A, Y축과 도형이 만나는 2점간의 거리를 B라 하면 다음과 같이 위상을 구할 수 있다.

$$\sin\theta = \frac{B}{A}$$

$$\theta = \sin^{-1}\frac{B}{A}$$

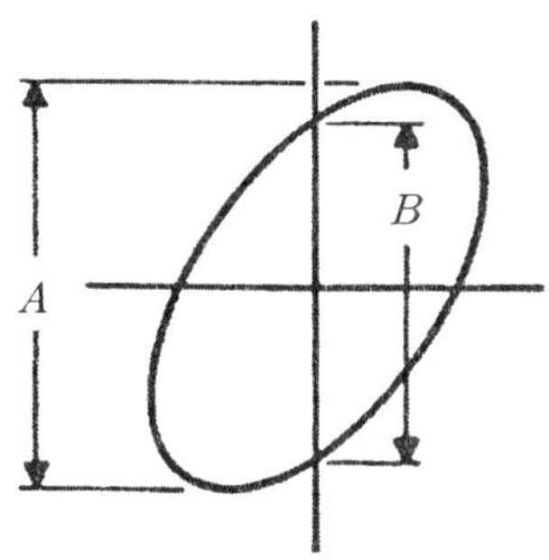

[그림 8-10] 리사쥬도형과 위상

따라서, 특수각의 리사쥬도형과 위상의 관계는 [그림 8-11]과 같다.

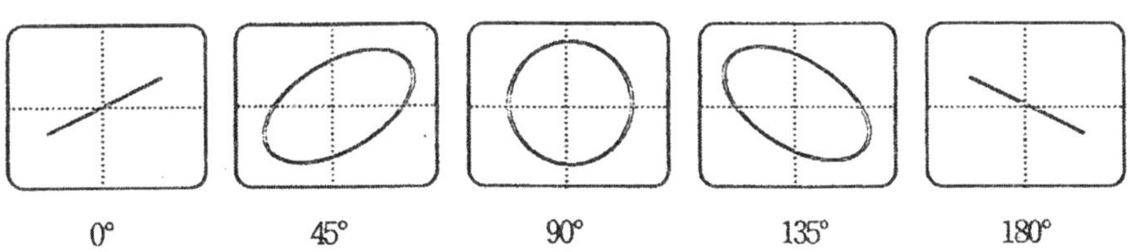

[그림 8-11] 특수각의 리사쥬도형

예제 8-6 [그림 8-12]와 같은 리사쥬도형에서 위상차를 구하여라.

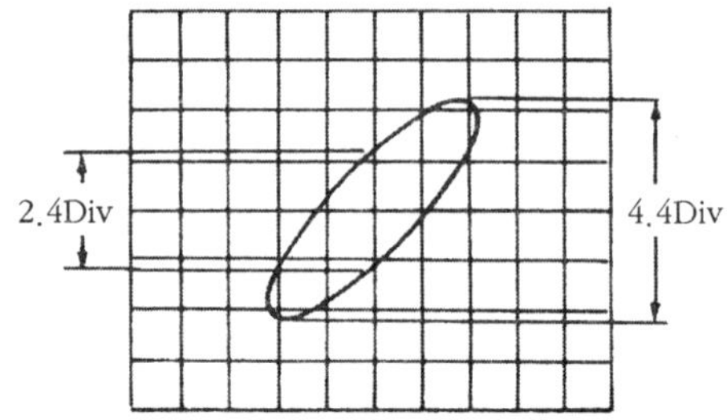

[그림 8-12]

풀이 위상차 θ는

$$\theta = \sin^{-1}\frac{B}{A} = \sin^{-1}\frac{2.4}{4.4} \fallingdotseq 33.1[\%]$$

8-4 | 디지털 오실로스코프

(1) 구조와 기능

[그림 8-13]은 일반적으로 사용하는 2채널 디지털 오실로스코프로 전면부의 구조에 따른 기능이다.

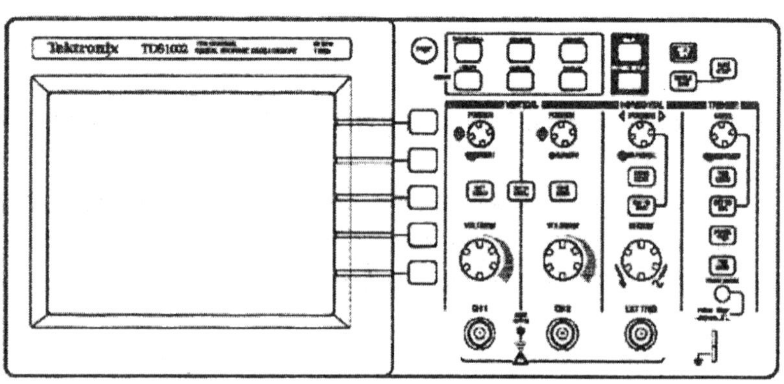

[그림 8-13] 2채널 오실로스코프 전면

1) 표시영역

[그림 8-14] 표시영역은 파형을 표시하는 것 이외에도 파형 및 계기제어 설정에 관한 여러 가지 세부 사항으로 되어 있다.

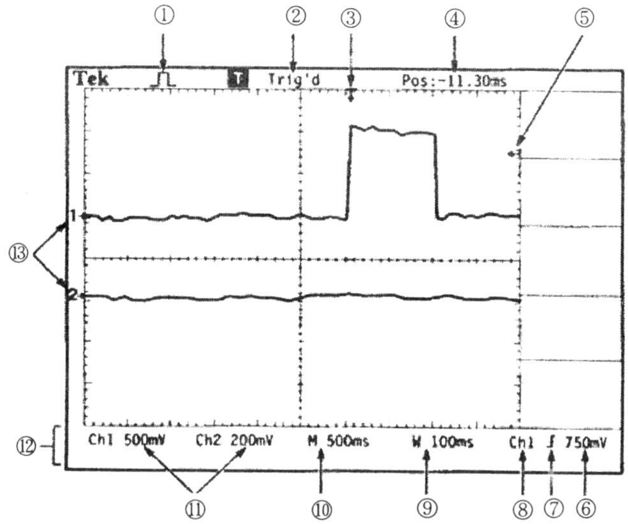

[그림 8-14] 오실로스코프 표시영역

① 아이콘 표시는 획득 모드를 나타낸다.

② 트리거 상태를 나타낸다.

③ 마커는 수평과 수평트리거 위치를 나타낸다.

④ 중심 격자선과 트리거 위치사이의 시간간격을 나타낸다.

⑤ 마커는 에지 및 펄스폭 트리거 레벨을 나타낸다.

⑥ 판독값은 에지 및 펄스폭 트리거 레벨의 값을 나타낸다.

⑦ 아이콘은 에지 트리거링을 위해 선택된 트리거 종류를 보여준다.

⑧ 판독값은 트리거링에 사용된 트리거 신호원을 보여준다.

⑨ 판독값은 윈도우 시간축을 사용하는 경우 그 설정을 보여준다.

⑩ 판독값은 주 시간축 설정을 나타낸다.

⑪ 판독값은 채널의 수직 배율계수를 나타낸다.

⑫ 표시영역은 온라인 메시지를 잠시 보여준다.

⑬ 화면마커는 표시된 파형의 접지 기준점을 보여준다. 마커가 없을 경우 채널은 표시되지 않는다.

2) 수직(Vertical)컨트롤 영역

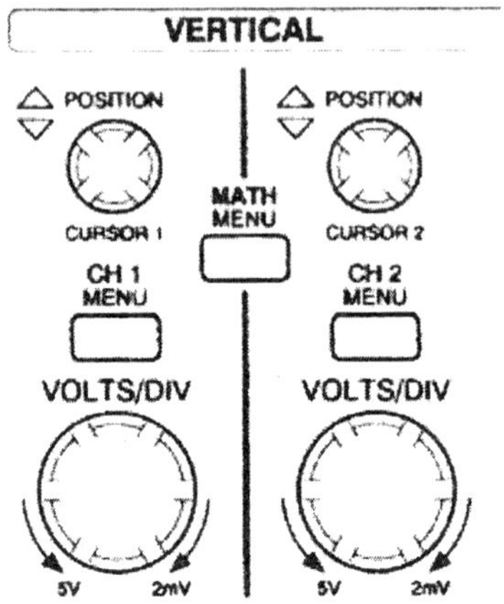

[그림 8-15] 수직컨트롤 영역

[그림 8-15]와 같은 수직컨트롤 영역은 파형을 표시하고 수직축 전압의 스케일과 수직위치를 조정하고 입력 매개변수를 설정할 수 있다.

① Cursor Position : 채널의 파형 및 커서의 위치를 수직으로 조정한다. 일단 파형을 획득하기 전에 CH 메뉴의 커플링에서 접지레벨의 위치를 결정한 후에는 절대 수직위치를 변경해서는 안된다.

② Volts/Div : 수직축 한 칸에 해당하는 전압스케일을 조정한다. 전 스케일을 변경하면 파형이 상하로 확대되거나 축소되지만 실제로 파형의 전압이 변경된 것은 아니다.

③ CH Menu : 〈표 8-1〉과 같은 채널의 수직메뉴를 표시하고, 채널의 파형을 표시하거나 제거한다.

〈표 8-1〉

옵 션	설 정	설 명
커플링	DC	입력신호의 AC/DC성분을 모두 통과시킨다.
	AC	입력신호의 DC성분은 차단하고 10(Hz) 미만의 신호를 감쇠시킨다.
	GND	접지, 즉 0(V) 기준레벨을 표시한다.
대역제한	20(MHz)	대역폭을 제한하여 노이즈를 줄인다.
	OFF	신호를 필터링하여 노이즈와 기타 원하지 않는 높은 주파수 성분을 줄인다.
전압눈금	보통조정, 미세조정	전압눈금의 해상도를 선택한다. 보통조정은 1-2-5의 순서를 정의하지만 미세조정은 해상도를 작은 단계로 변경한다.
프로브	1×, 10×, 100×, 1000×	올바른 전압의 측정을 위해 사용하는 프로브의 종류와 일치하도록 설정한다.
반전	ON, OFF	파형을 반전시킨다.

④ Math Menu : 〈표 8-2〉은 파형의 수학적 연산을 위한 작동 메뉴를 표시한다.

〈표 8-2〉

연 산	설 정	설 명
-(빼기)	CH1 - CH2	채널1 파형에서 채널2 파형을 뺀다.
	CH2 - CH1	채널2 파형에서 채널1 파형을 뺀다.
+(더하기)	CH1 + CH2	채널1 파형과 채널2 파형을 더한다.
FFT		고속 푸리에 변환을 수행한다.

3) 수평(horizontal)컨트롤 영역

[그림 8-16]과 같은 수평컨트롤 영역은 파형의 수평축(시간) 스케일과 수평위치를 변경할 수 있다. 수평위치의 판독값은 트리거 시간을 0으로 하여 화면 가운데에 표현된 시간을 보여준다. 수평축 스케일을 변경하면 화면의 중앙 주변으로 파형이 확대되거나 축소된다.

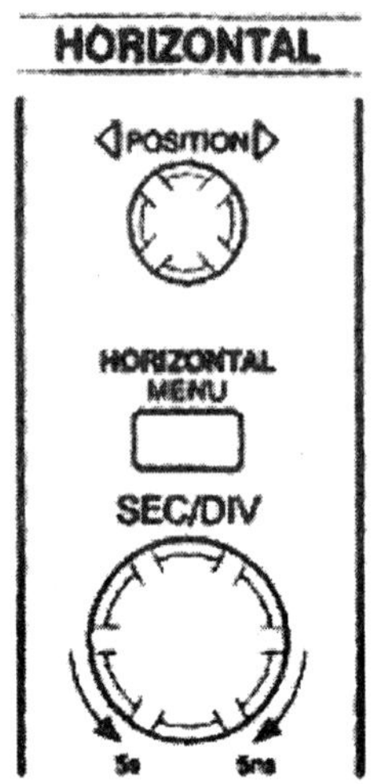

[그림 8-16] 수평컨트롤 영역

① Position : 채널의 파형위치를 수평으로 조정한다. 수직위치와는 달리 파형을 획득한 후에 편의를 위해 수평위치를 변경해도 괜찮다.

② Sec/Div : 수평축 한 칸에 해당하는 시간스케일을 조정한다. 시간스케일을 변경하면 파형이 좌우로 확대되거나 축소되지만 실제로 파형의 주기 및 주파수가 변경된 것은 아니다.

③ Horizontal Menu : 〈표 8-3〉에 나타내었다.

〈표 8-3〉

옵 션	설 정	설 명
주 시간대		파형을 표시하는데 사용된다.
확대범위		두 커서는 확대범위를 정의한다. 확대범위를 수평위치와 시간스케일 볼륨으로 조정한다.
윈도우		확대범위 내에 파형을 보여주도록 표시를 변경한다.
트리거	레벨, 지연	트리거 볼륨이 트리거 레벨을 조정할지, 지연시간을 조정할지 여부를 선택한다.

4) 트리거(Trigger) 컨트롤 영역

[그림 8-17]과 같은 트리거 컨트롤 영역의 구조에 따른 기능은 다음과 같다.

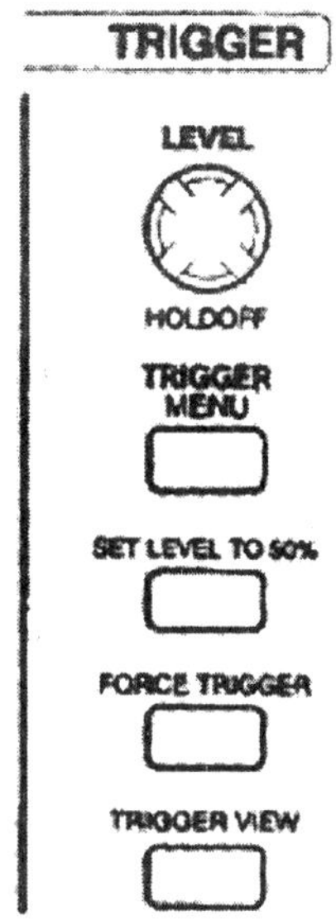

[그림 8-17] 트리거컨트롤 영역

① Level, Hold off : 트리거 레벨제어기로서, 신호가 획득되기 위해 통과해야 하는 트리거 전압레벨을 설정한다. 또한 지연 제어기로서, 다른 트리거 조건이 접수되기 전까지의 시간의 양을 설정한다.

② Set Level : 트리거 레벨은 신호 레벨의 50%까지 설정된다.

③ Force Trigger : 적당한 트리거 신호가 없도록 획득을 시작한다.

④ Trigger View : 버튼이 눌려져 있는 동안에 트리거 파형을 채널파형 자리에 표시한다. 트리거 설정이 트리거 커플링과 같은 트리거 신호에 어떻게 영향을 미치는지 확인할 수 있다.

⑤ Trigger Menu : 〈표 8-4〉에 나타내었다.

〈표 8-4〉

옵 션	설 정	설 명
유형	에지	트리거 레벨을 통과할 때 입력신호의 상승 또는 하강에지에서 트리거한다.
	비디오	비디오 신호의 필드나 라인에서 트리거한다.
	펄스	착오펄스에서 트리거한다.
신호원	CH1, CH2	파형이 표시되는지 여부에 따라 채널신호를 트리거한다.
	Ext	EXT TRIG 입력단자에 연결된 신호에 대해 −1.6～+1.6(V)의 트리거레벨 범위에서 트리거한다.
	Ext/5	Ext 옵션과 같지만 −8～+8(V)의 트리거 레벨 범위에서 트리거한다.
	AC Line	전원선의 신호에 대해 커플링 DC, 트리거 레벨 0(V)로 트리거한다.
경사	상승, 하강	신호의 상승에지나 하강에지에서 트리거하도록 선택한다.
모드	자동(Auto)	시간스케일로 설정된 특정 시간 내에 트리거 조건을 검출하지 못하면 강제 트리거한다. 유효 트리거가 없을 때 획득하지 않고 실행할 수 있다.
	보통(Normal)	트리거 조건을 검출할 때만 표시된 파형을 업데이트한다. 트리거된 유효파형만을 보려고 할 때 사용한다.
커플링	DC	신호의 모든 성분을 전달한다.
	잡음제거	잡음으로 인한 트리거링 미스가 줄어 감도가 감소된다.
	HF제거	80(kHz) 이상의 높은 주파수 성분을 감쇠시킨다.
	LF제거	DC성분을 차단하고 300(kHz) 이하의 낮은 주파수성분을 감쇠시킨다.
	AC	DC성분을 차단하고 10(Hz) 이하의 신호를 감쇠시킨다.

5) 메뉴 및 제어영역

[그림 8-18]과 같은 메뉴와 제어영역의 구조에 따른 기능은 다음과 같다.

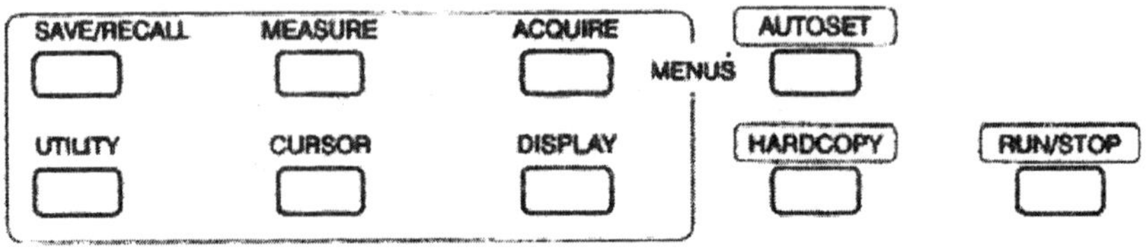

[그림 8-18] 메뉴 및 제어영역

① Save/Recall : 〈표 8-5〉에 설정과 파형의 저장 및 호출을 위한 메뉴를 나타내었다.

〈표 8-5〉

옵 션	설 정	설 명
파형		파형을 강조 표시하면 파형을 저장하거나 호출하는 메뉴가 표시된다.
신호원	CH1, CH2, Math	저장할 파형을 선택한다.
Ref	A, B	파형을 저장하거나 호출할 기준위치를 선택한다.
Save		소스파형을 선택한 기준위치에 저장한다.
Ref(×)	ON, OFF	기준파형을 화면에 표시하거나 제거한다.

② Acquire : 〈표 8-6〉에 획득 메뉴를 나타내었다.

〈표 8-6〉

옵 션	설 정	설 명
샘플		대부분의 파형을 획득하고 정확하게 표시하는데 사용된다. 기본 모드이다.
피크검출		glitch를 검출하고 aliasing의 가능성을 줄이기 위해 사용한다.
평균		신호화면에서 랜덤 노이즈나 관련없는 노이즈를 줄이기 위해 사용한다.
평균횟수	4, 16, 64, 128	평균횟수를 선택한다.

③ Measure : 〈표 8-7〉에 자동측정 메뉴를 표시한다.

〈표 8-7〉

측정 유형	정 의
주파수	첫 번째 사이클을 측정하여 파형의 주파수를 계산한다.
주기	첫 번째 사이클의 시간을 계산한다.
평균	전체 파형에 대해 산술 평균전압을 계산한다.
첨두값	전체 파형의 최대피크와 최소피크 사이의 절대차를 계산한다.
실효값	파형의 첫 번째 완전한 사이클의 실제 RMS를 계산한다.
최소	전체 2500포인트의 최소값을 계산한다.
최대	전체 2500포인트의 최대값을 계산한다.
상승시간	파형의 첫 번째 상승에지의 10%와 90% 사이의 시간을 측정한다.
하강시간	파형의 첫 번째 하강에지의 90%와 10% 사이의 시간을 측정한다.
상승펄스	파형의 50% 레벨에서 첫 번째 상승에지와 다음 하강에지사이의 시간을 측정한다.
하강펄스	파형의 50% 레벨에서 첫 번째 하강에지와 다음 상승에지사이의 시간을 측정한다.

④ Cursor : 〈표 8-8〉과 같은 커서 메뉴를 표시한다. 커서 메뉴가 표시되는 동안 수직위치 제어기는 커서위치를 조정한다.

〈표 8-8〉

옵 션	설 정	설 명
종류	전압, 시간, OFF	측정커서를 선택하고 표시한다. 전압측정 진폭과 시간은 시간과 주파수를 측정한다.
신호원	CH1, CH2, MATH, REFA, REFB	커서는 측정할 파형을 선택한다. 판독값은 이 측정을 표시한다.
절대차		커서간의 차이를 표시한다.
커서1, 2		커서 1, 2의 위치를 표시한다. 시간은 트리거위치를 기준으로 하고 전압은 접지를 기준으로 한다.

⑤ Display : 〈표 8-9〉와 같은 디스플레이 종류의 메뉴를 표시한다.

〈표 8-9〉

옵 션	설 정	설 명
종류	벡터	샘플지점 사이를 선으로 연결하여 표시한다.
	도트	샘플지점을 점만으로 표시한다.
지속기능	OFF, 1초, 2초, 5초, 무한대	각 샘플 지점이 지속적으로 표시되는 기간을 설정한다.
형식	YT	시간에 대해 전압을 표시한다.
	XY	채널1 전압의 X좌표에 대해 채널2 전압을 Y좌표에 표시한다.
대비증가		진하게 표시하여 파형을 잔상과 구분하기 쉽게 한다.
대비감소		밝게 표시한다.

⑥ Utility : 유틸리티 메뉴를 표시한다.

⑦ Auto set : 입력신호의 유용한 디스플레이를 생성하도록 오실로스코프의 컨트롤들은 자동으로 설정한다.

⑧ Hard copy : 파형의 인쇄작업을 시작한다.

⑨ Run/Stop : 파형을 연속적으로 획득하거나 획득을 중지한다.

6) 출력단자

[그림 8-19]와 같은 출력단자의 구조에 따른 기능은 다음과 같다.

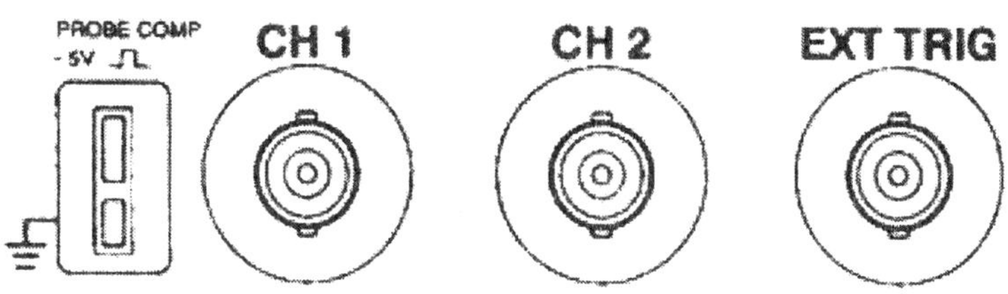

[그림 8-19] 출력단자

① Probe Comp : 프로브 교정용 구형파 출력 및 접지단자이다. 프로브가 입력회로에 전기적으로 일치하도록 이 보상기를 사용하여 프로브를 교정한다.
② CH1, CH2 : 채널 1과 채널 2를 위한 입력단자이다.
③ Ext Trig : 외부 트리거 신호원을 위한 입력단자이다. 트리거 신호원을 선택하기 위해 트리거 메뉴를 사용한다.

(2) 작동순서

① 프로브를 오실로스코프의 원하는 채널의 입력단자에 연결하고 감쇠모드를 1× 또는 10×로 선택한다.
② 프로브를 파형발생기 또는 회로의 측정하고자 하는 지점에 연결한다.
③ 수직컨트롤 영역의 CH 메뉴 버튼을 눌러 수직메뉴를 화면에 표시하고 해당 채널의 파형을 화면에 표시한다.
④ 수직메뉴의 입력 커플링을 GND로 선택하고 수직컨트롤 영역의 Position 볼륨을 돌려 0[V] 접지레벨이 원하는 위치에 오도록 수직위치를 조절한 다음, 입력 커플링을 측정하고자 하는 파형에 맞도록 다시 직류(DC)나 교류(AC)로 변경한다.
⑤ 수직메뉴의 프로브 옵션을 프로브의 감쇠모드와 일치하도록 설정한다.
⑥ 화면에 2~3주기의 파형이 나타나도록 수평컨트롤 영역의 Sec/Div 볼륨을 돌려 시간스케일을 조정한다.
⑦ 화면에 최대 진폭의 파형의 나타나도록 수직컨트롤 영역의 Volts/Div 볼륨을 돌려 전압 스케일을 조정한다.
⑧ 시간 및 전압 스케일을 조정하여 파형을 찾아내기가 어려운 경우에는 메뉴 및 제어영역의 Auto Set 버튼을 누르면 오실로스코프가 자동으로 파형을 찾아 적당한 스케일로 화면에 표시한다.
⑨ 파형이 화면에 나타나지 않거나, 여러 개의 파형이 좌우로 움직이며 겹쳐서 나타날 경우에는 트리거 컨트롤 영역의 트리거 메뉴버튼을 눌러 트리거 조건(유형, 신호원, 경사, 모드, 커플링)을 설정하고 레벨볼륨을 돌려 트리거 레벨전압을 파형의 최소전압과 최대전압 사이의 값으로 설정한다.
⑩ 트리거된 파형은 측정 및 관찰이 용이하도록 수평컨트롤 영역의 Position 볼륨을 돌려 수평위치를 조정할 수 있다.

⑪ 필요한 경우 프로브를 오실로스코프의 프로브 교정용 출력단자에 연결하여 프로브를 교정한다.

⑫ 메뉴 및 제어영역의 Measure 버튼을 눌러 파형에 대한 주파수, 첨두값, 평균값, 실효값 등 원하는 값을 측정한다.

⑬ 필요할 경우 메뉴 및 제어영역의 Save/Recall 버튼을 눌러 파형을 저장하고, 저장된 파형을 화면에 표시한다.

⑭ 파형을 그리거나 세심한 관찰이 필요할 경우에는 메뉴 및 제어영역의 Run/Stop 버튼을 눌러 파형을 정지시키면 편리하다.

예제 8-7 디지털 오실로스코프의 화면에 [그림 8-20]과 같이 나타난 파형의 첨두전압(최대값) V_p와 주파수 f를 구하여라.

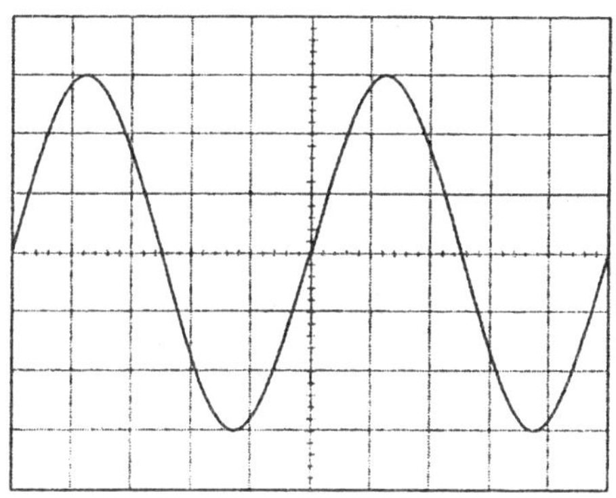

CH1 : 5V/Div M : 500μsec/Div

[그림 8-20]

풀이 전압은 5[V/Div], 시간은 500[μs/Div]이고 수평축에서 첨두까지는 3칸이므로 첨두전압 V_p는

$$V_p = 3 \times 5 = 15[\text{V}]$$

한 주기는 수평으로 5칸이므로 주기 T는

$$T = 5 \times 500 \times 10^{-6} = 2.5[\text{ms}]$$

주파수 f는

$$f = \frac{1}{T} = \frac{1}{2.5 \times 10^{-3}} = \frac{1000}{2.5} = 400[\text{Hz}]$$

실험 8-1 오실로스코프로 전압, 주기 및 주파수측정

목 적

오실로스코프의 기능과 조작방법을 익히고 전압, 주기 및 주파수를 측정한다.

예비과제

1. 오실로스코프에 의한 전압, 주기(T) 및 주파수(f)의 측정방법을 약술하여라.
2. 〈표 8-11〉, 〈표 8-12〉의 계산값을 구하고 기입하여라.

준비물

직류전원공급기, 저주파발진기, 오실로스코프, 브레드보드
저항(1kΩ, 10kΩ, 100kΩ)

실 험

1. 저주파발진기의 출력단자와 오실로스코프를 프로브로 연결하고, 저주파발진기로 여러 가지 파형, 진폭 V_{pp}, 주파수 f를 맞추고, 오실로스코프로 V_{pp}와 f를 측정하여 〈표 8-10〉에 기입하고 오차를 계산하여라.
2. [그림 8-21]과 같은 회로를 브레드보드에 구성하고, R을 10[kΩ], 100[kΩ]으로 바꾸어 가면서 오실로스코프로 직류전압 V_o를 측정하여〈표 8-11〉에 기입하여라.

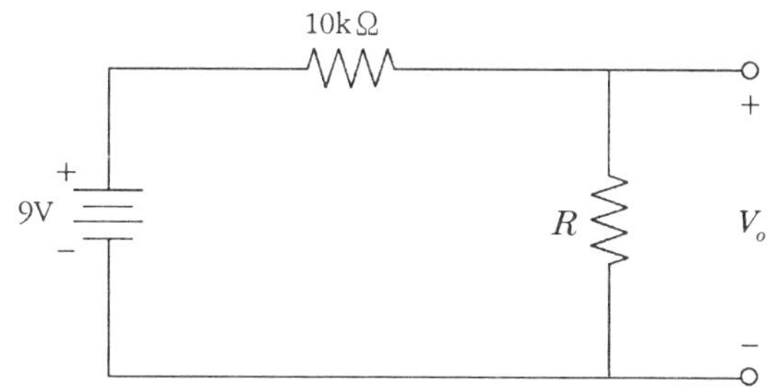

[그림 8-21] 직류회로

3. [그림 8-22]와 같은 회로를 브레드보드에 구성하고, 저주파발진기의 출력전압 5[V_{pp}], 출력주파수 1[kHz]에 맞춘 다음, R을 10[kΩ], 100[kΩ]으로 바꾸어 가면서 오실로스코프로 교류전압 V_o을 측정하여 〈표 8-11〉에 기입하여라.

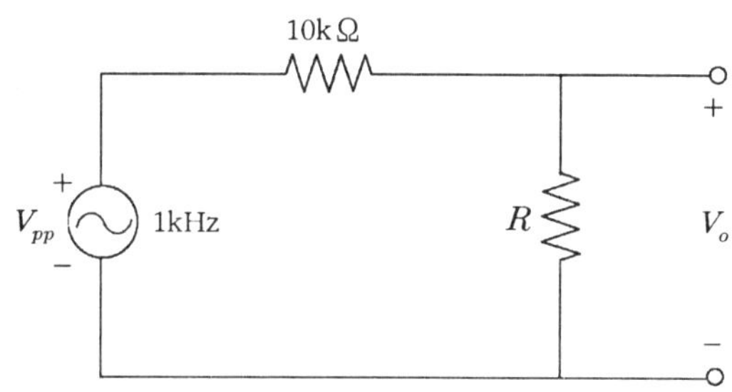

[그림 8-22] 교류회로

4. [그림 8-22]에서 R이 100[kΩ]일 때 저주파발진기의 출력전압 5[V_{pp}], 출력주파수 100[Hz], 1[kHz], 100[kHz]으로 바꾸어 가면서 오실로스코프로 주기를 측정하여 〈표 8-12〉에 기입하여라.

실험결과 보고서

학과(전공)		학번		성명	
공동실험자				일자	20 년 월 일

1. 제목 : 오실로스코프를 이용한 전압, 주기 및 주파수측정
2. 회로도

3. 실험결과

〈표 8-10〉 오실로스코프에 의한 측정

구 분	저주파발진기			오실로스코프			오차	
	파형	V_{pp}	f	파형	V_{pp}	f	V_{pp}	f
1								
2								
3								
4								
5								

〈표 8-11〉 직류와 교류전압

구 분	직류전압(V)		교류전압 (V_{pp})	
	10(kΩ)	100(kΩ)	10(kΩ)	100(kΩ)
계산값				
측정값				

〈표 8-12〉 주기측정

구 분	100(Hz)	1(kHz)	100(kHz)
계산값(sec)			
측정값(sec)			

4. 실험결과에 대한 의견 및 배운 점

실험 8-2 리사쥬도형에 의한 파형관측 및 위상측정

목 적

오실로스코프를 사용하여 두 신호에 대한 위상각의 측정법을 익히고, 리사쥬도형에 의한 위상차를 측정한다.

예비과제

1. 리사쥬도형에 의한 주기와 주파수 측정법을 약술하여라.
2. 리사쥬도형에 의한 위상차 측정법을 써라.

준비물

직류전원공급기, 저주파발진기, 오실로스코프, 브레드보드

실 험

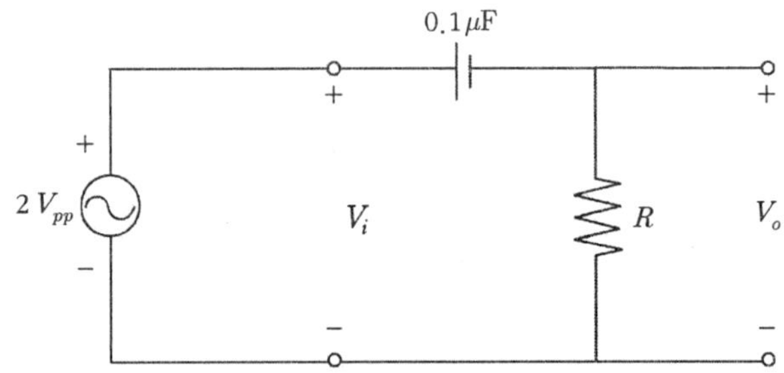

[그림 8-23]

1. [그림 8-23]과 같은 회로를 브레드보드에 구성한 다음 스위치를 닫고 입력전압 V_i를 CH-1, 출력전압 V_o를 CH2-2, Time/Div를 X-Y에 놓으면 오실로스코프 화면상에 리사쥬도형이 생긴다. 보통 입·출력 신호전압의 진폭이 같지 않으므로 Volts/Div 및 Variable를 조정하여 정사각형 안에 도형이 나타나도록 한다.
   저주파발진기의 정현파 출력주파수를 1[kHz], 10[kHz]으로 바꾸어 가면서 리사쥬도형을 관측하여 [그림 8-24]에 그리고, 위상을 측정하여 〈표 8-13〉에 기입하여라.

실험결과 보고서

학과(전공)		학번		성명	
공동실험자				일자	20 년 월 일

1. 제목 : 리사쥬도형에 의한 파형관측 및 위상측정
2. 회로도

3. 실험결과

f=1kHz	f=10kHz

[그림 8-24] 리사쥬도형

〈표 8-13〉 리사쥬도형에 의한 위상측정

입력신호	A	B	$\theta = \sin^{-1}(B/A)$
f = 1(kHz)			
f = 10(kHz)			

4. 실험결과에 대한 의견 및 배운 점

제9장

정현파 기본회로

9-1 $R-L$ 회로

9-2 $R-C$ 직렬회로

9-3 $R-L-C$ 직렬회로

9-4 $R-L-C$ 병렬회로

- ▸ **실험 9-1** $R-L$, $R-C$ 직렬회로 측정
- ▸ **실험 9-2** $R-L$, $R-C$ 병렬회로 측정
- ▸ **실험 9-3** $R-L-C$ 직렬과 병렬회로 측정

9–1 | $R-L$ 회로

[그림 9–1]의 회로에서 전류 $\boldsymbol{I}$와 각 소자에 걸리는 전압 $\boldsymbol{V}_R$, $\boldsymbol{V}_L$을 구해보자. 만일, 문제가 그림과 같은 페이저 형태가 아니고 순시값 형태로 나왔다면 당연히 그림과 같이 페이저로 변환해서 해석해야 한다.

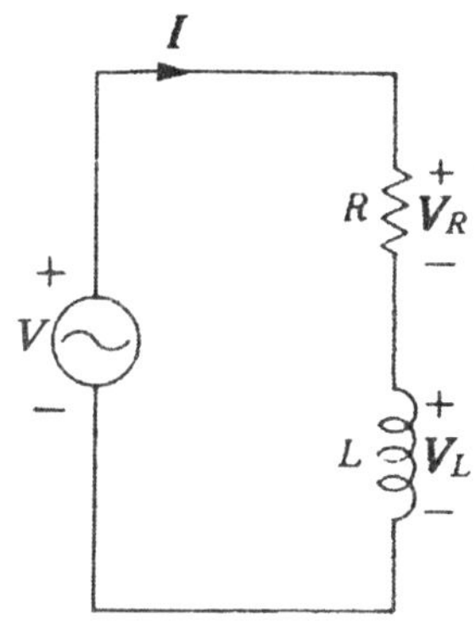

[그림 9-1] $R-L$ 직렬회로의 페이저 표시

KVL과 옴의 법칙을 적용하면

$$\boldsymbol{V} = \boldsymbol{V}_R + \boldsymbol{V}_L = R\boldsymbol{I} + j\omega L\boldsymbol{I}$$
$$= (R + j\omega L)\boldsymbol{I} = \boldsymbol{Z}\boldsymbol{I}$$
$$\therefore \boldsymbol{I} = \frac{\boldsymbol{V}}{\boldsymbol{Z}}$$

따라서 [그림 9–1]을 해석할 경우는 먼저 합성임피던스를 구하고 전류를 구하는 것이 순서이다. 즉,

$$\boldsymbol{Z} = R + j\omega L$$
$$= \sqrt{R^2 + (\omega L)^2}\ \angle \tan^{-1}\frac{\omega L}{R} = Z\ \angle\ \theta \qquad (9\text{–}1)$$
$$Z = \sqrt{R^2 + (\omega L)^2}$$
$$\theta = \tan^{-1}\frac{\omega L}{R}$$

이므로

$$I = \frac{\boldsymbol{V}}{\boldsymbol{Z}} = \frac{V\angle 0}{Z\ \angle\theta} = \frac{V}{Z}\angle -\theta$$

$$i = \sqrt{2}\frac{V}{Z}\sin(\omega t - \theta) = \sqrt{2}I\sin(\omega t - \theta)$$

또한 각 소자에 걸리는 전압은

$$\boldsymbol{V_R} = \boldsymbol{Z_R I} = \boldsymbol{RI} \qquad (9\text{-}2)$$

$$\boldsymbol{V_L} = \boldsymbol{Z_L I} = \boldsymbol{j\omega LI} \qquad (9\text{-}3)$$

이 관계를 페이저도 및 임피던스도로 나타내면 [그림 9-2]와 같다.

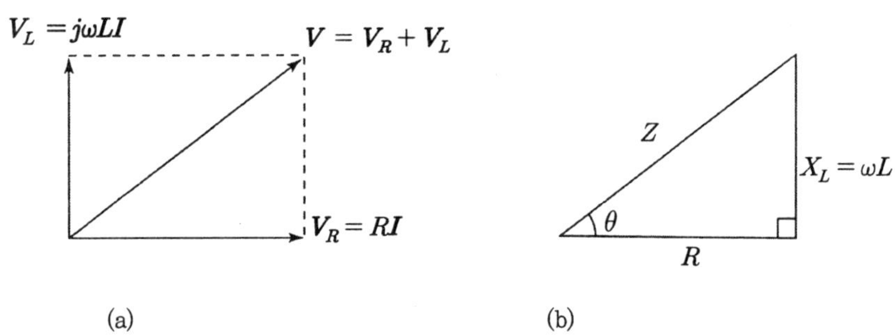

[그림 9-2] 전압페이저도 및 임피던스도

이상으로부터 $\boldsymbol{V_R}$은 $\boldsymbol{I}$와 동상이고 $\boldsymbol{V_L}$은 $\boldsymbol{I}$ 보다 위상이 90° 앞서며 $\boldsymbol{V}$는 $\boldsymbol{I}$보다 θ만큼 앞선다($0° \le \theta \le 90°$). 또한 최대값 V_m과 I_m, 실효값 V와 I의 비는 다음과 같다.

$$\frac{V_m}{I_m} = \frac{V}{I} = Z = \sqrt{R^2 + (\omega L)^2}$$

예제 9-1 $R = 20\,[\Omega]$, $L = 56\,[\text{mH}]$인 $R-L$ 직렬회로에 $v = 100\sqrt{2}\sin 377t[\text{V}]$의 전압을 인가하였다.

(a) 임피던스의 크기와 각을 구하여라.

(b) 전류의 실효값과 이의 순시값을 구하여라.

풀이 (a) 유도성리액턴스 $X_L = \omega L$에서

$X_L = 377 \times 56 \times 10^{-3} \fallingdotseq 21.1\,[\Omega]$

따라서 임피던스의 크기와 각은

$Z = \sqrt{R^2 + X_L^2} = \sqrt{20^2 + 21.1^2} \fallingdotseq \mathbf{29.1}\,[\Omega]$

$\theta = \tan^{-1}\dfrac{X_L}{R} = \tan^{-1}\dfrac{21.1}{20} = \mathbf{46.5°}$

(b) 전류의 실효값은

$I = \dfrac{V}{Z} = \dfrac{100}{29.1} \fallingdotseq \mathbf{3.44}\,[\mathrm{A}]$

전류는 전압보다 위상이 46.5° 늦으므로 전류의 순서는

$i = \mathbf{3.44\sqrt{2}\sin(377t - 46.5°)}\,[\mathrm{A}]$

9-2 | $R-C$ 직렬회로

[그림 9-3]에서 전류 및 각 소자에 걸리는 전압을 구해보자.

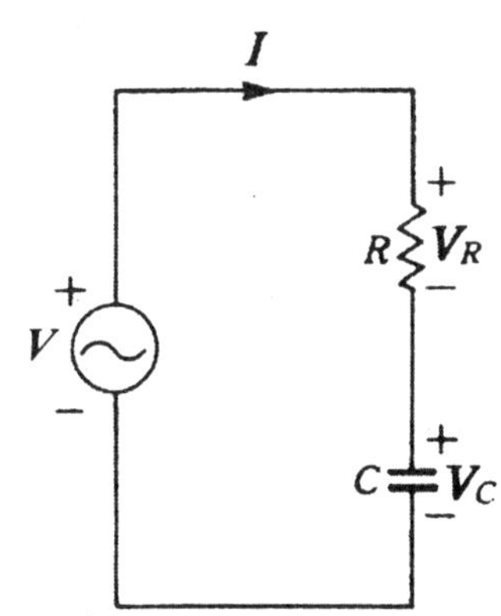

[그림 9-3] $R-C$ **직렬회로**

KVL과 옴의 법칙을 적용하면

$$V = V_R + V_L = RI - j\frac{1}{\omega C}I = \left(R - j\frac{1}{\omega C}\right)I = ZI$$

$$\therefore\ \boldsymbol{I} = \frac{\boldsymbol{V}}{\boldsymbol{Z}}$$

따라서 합성임피던스를 구하고 전류를 구하면

$$\boldsymbol{Z} = R - j\frac{1}{\omega C} = \sqrt{R^2 + \left(\frac{1}{\omega C}\right)^2} \angle -\tan^{-1}\frac{\frac{1}{\omega C}}{R} = Z \angle \theta$$

$$Z = \sqrt{R^2 + \left(\frac{1}{\omega C}\right)^2}$$

$$\theta = -\tan^{-1}\frac{\frac{1}{\omega C}}{R} = -\tan^{-1}\frac{1}{R\omega C}$$

이므로

$$\boldsymbol{I} = \frac{\boldsymbol{V}}{\boldsymbol{Z}} = \frac{V \angle 0}{Z \angle \theta} = \frac{V}{Z} \angle -\theta$$

$$i = \sqrt{2}\,\frac{V}{Z}\sin(\omega t - \theta)$$

또한 각 소자에 걸리는 전압은

$$\boldsymbol{V}_R = R\boldsymbol{I} \qquad (9\text{–}4)$$

$$\boldsymbol{V}_C = -j\frac{1}{\omega C}\boldsymbol{I} \qquad (9\text{–}5)$$

이 관계를 페이저 및 임피던스도로 나타내면 [그림 9-4]와 같다.

이상으로부터 $\boldsymbol{V}_R$은 $\boldsymbol{I}$와 동상이고 $\boldsymbol{V}_C$는 $\boldsymbol{I}$보다 위상이 90° 늦으며 $\boldsymbol{V}$는 $\boldsymbol{I}$ 보다 $-\theta$만큼 늦다($0 \leqq \theta \leqq -90°$). 또한 최대값 V_m과 I_m, 실효값 V와 I의 비는 다음과 같다.

$$\frac{V_m}{I_m} = \frac{V}{I} = Z = \sqrt{R^2 + \left(\frac{1}{\omega C}\right)^2}$$

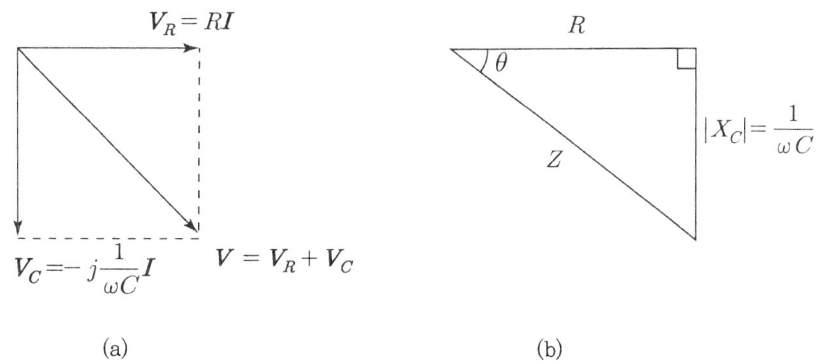

[그림 9-4] 전압페이저도 및 임피던스도

예제 9-2 $R=3\,[\Omega]$, $C=100\,[\mu\text{F}]$인 $R-C$ 직렬회로에 $v=\sqrt{2}\,10\sin(2500t+30°)\,[\text{V}]$인 전압을 인가하였다.

(a) 임피던스의 크기와 각을 구하여라.

(b) 전류의 실효값과 순시값을 구하여라.

풀이 (a) 용량성리액턴스 $X_C = -\frac{1}{\omega C}$ 에서

$$X_C = -\frac{1}{2500 \times 100 \times 10^{-6}} = -4\,[\Omega]$$

따라서 임피던스의 크기와 각은

$$Z = \sqrt{R^2 + X_C^2} = \sqrt{3^2 + 4^2} = 5\,[\Omega]$$

$$\theta = \tan^{-1}\frac{X_C}{R} = \tan^{-1}\frac{-4}{3} = \mathbf{-53.1°}$$

(b) 전류의 실효값과 순시값은

$$I = \frac{V}{Z} = \frac{10}{5} = \mathbf{2}\,[\text{A}]$$

$$i = 2\sqrt{2}\sin(2500t + 30° + 53.1°) = \mathbf{2\sqrt{2}\sin(2500t + 83.1°)}\,[\text{A}]$$

9-3 | $R-L-C$ 직렬회로

[그림 9-5]에서 전류 및 각 소자에 걸리는 전압을 구해보자.

합성임피던스는

$$\boldsymbol{Z} = R + j\omega L - j\frac{1}{\omega C}$$

$$= \sqrt{R^2 + \left(\omega L - \frac{1}{\omega C}\right)^2} \angle \tan^{-1}\frac{\omega L - \frac{1}{\omega C}}{R} = Z\angle\theta$$

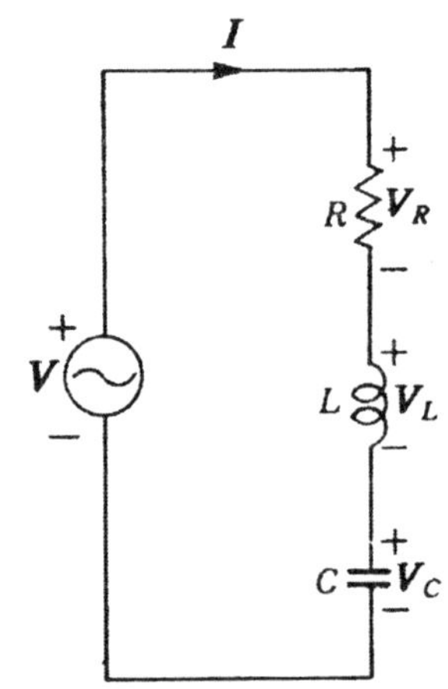

[그림 9-5] $R-L-C$ 직렬회로

$$Z = \sqrt{R^2 + \left(\omega L - \frac{1}{\omega C}\right)^2} = \sqrt{R^2 + X^2}$$

$$\theta = \tan^{-1}\frac{\omega L - \frac{1}{\omega C}}{R} = \tan^{-1}\frac{X}{R}$$

따라서 임피던스 $\boldsymbol{Z}$ 가 결정되면 전류 $\boldsymbol{I}$ 는 $\boldsymbol{I} = \dfrac{\boldsymbol{V}}{\boldsymbol{Z}}$ 에 의해서 구할 수 있다. 또한 합성리액턴스 X의 부호에 따라서 각 θ의 부호가 결정되며 다음의 3가지 경우를 생각할 수 있다.

① $\omega L > \frac{1}{\omega C}$인 경우 : $X > 0$, $\theta > 0$이고, 유도성회로가 되며, 전압은 전류보다 위상이 θ만큼 앞선다. 이 경우의 페이저도는 [그림 9-6]과 같다.

② $\omega L < \frac{1}{\omega C}$인 경우 : $X < 0$, $\theta < 0$이고, 용량성회로가 되며, 전압은 전류보다 위상이 $|\theta|$만큼 늦는다.

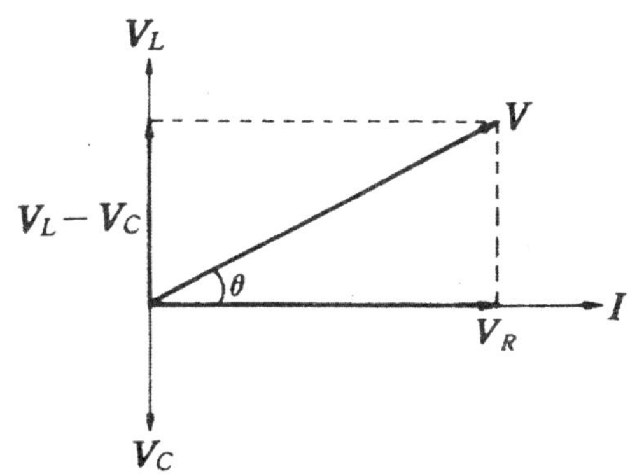

[그림 9-6] $\omega L > \frac{1}{\omega C}$인 경우의 페이저도

③ $\omega L = \frac{1}{\omega C}$인 경우 : $X = 0$, $\theta = 0$이고, 전압과 전류는 동상이고, R만 존재하는 회로와 같게 된다. 이 상태를 공진(resonance)이라고 하며, 제10장에서 자세히 배우게 된다.

예제 9-3 $L-C$ 직렬회로에 $X_L = 10\,[\Omega]$, $|X_C| = 5\,[\Omega]$이고, $v = 141.4\sin\omega t\,[\mathrm{V}]$일 때 회로에 흐르는 전류의 실효값과 순시값을 구하여라.

풀이 합성임피던스 Z는

$$Z = j(X_L + X_C) = j(10-5) = j5 = 5\angle 90°\,[\Omega]$$

$$\therefore I = \frac{V}{Z} = \frac{100\angle 0}{5\angle 90°} = 20\angle -90°\,[\mathrm{A}]$$

따라서 실효값 I, 순시값 i은

$$i = 20\sqrt{2}\sin(\omega t - 90°) = 28.28\sin(\omega t - 90°)\,[\mathrm{A}]$$

예제 9-4 $R=100[\Omega]$, $L=25.3\,[\mathrm{mH}]$, $C=100[\mu\mathrm{F}]$인 $R-L-C$ 직렬회로에 $v=100\sqrt{2}\sin 628t[\mathrm{V}]$의 전압을 인가하였다.

(a) 임피던스의 크기와 각을 구하여라.

(b) 전류의 실효값과 이의 순시값을 구하여라.

풀이 리액턴스 X_L과 X_C는

$$X_L=\omega L=628\times 25.3\times 10^{-3}\fallingdotseq 15.9\,[\Omega]$$

$$X_C=-\frac{1}{\omega C}=-\frac{1}{628\times 100\times 10^{-6}}\fallingdotseq -15.9\,[\Omega]$$

$$\therefore X=X_L+X_C=0$$

(a) 따라서 임피던스의 크기와 각은

$$Z=\sqrt{R^2+X^2}=R=\mathbf{100}\,[\Omega]$$

$$\theta=\tan^{-1}\frac{X}{R}=\tan^{-1}\frac{0°}{100°}=\mathbf{0°}(\text{동상})$$

(b) 전류의 실효값과 순시값은

$$I=\frac{V}{Z}=\frac{100}{100}=\mathbf{1}\,[\mathrm{A}]$$

$$i=\sqrt{2}\cdot 1\sin(628t+0°)=\boldsymbol{\sqrt{2}\sin 628t}\,[\mathrm{A}]$$

9-4 | $R-L-C$ 병렬회로

[그림 9-7]과 같은 $R-L-C$ 병렬회로에서 각 소자에 흐르는 전류는 $\boldsymbol{I}=\boldsymbol{YV}$에서

$$\boldsymbol{I_R}=\boldsymbol{Y_R V}=\frac{\boldsymbol{V}}{R}=G\boldsymbol{V} \tag{9-6}$$

$$\boldsymbol{I_L}=\boldsymbol{Y_L V}=\frac{\boldsymbol{V}}{j\omega L}=-j\frac{\boldsymbol{V}}{\omega L} \tag{9-7}$$

$$\boldsymbol{I_C}=\boldsymbol{Y_C V}=j\omega C\boldsymbol{V} \tag{9-8}$$

따라서 전체전류 $\boldsymbol{I}$는 KCL에 의해서

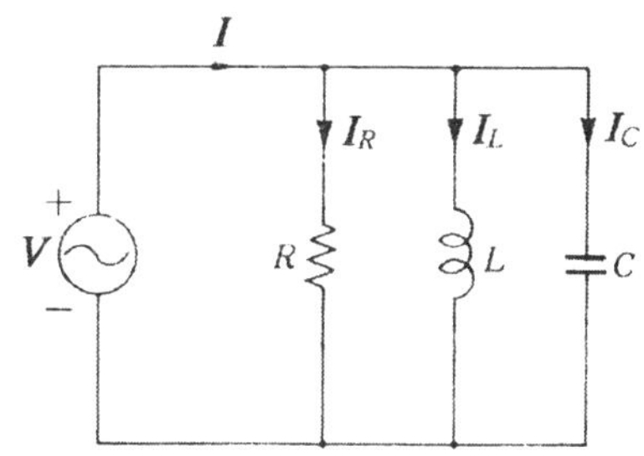

[그림 9-7] $R-L-C$ 병렬회로

$$I = I_R + I_C + I_L = \frac{V}{R} + j\left(\omega C - \frac{1}{\omega L}\right)V = \left\{\frac{1}{R} + j\left(\omega C - \frac{1}{\omega L}\right)\right\}V$$

$$= YV$$

여기서 서셉턴스 B를

$$B = \omega C - \frac{1}{\omega L} = B_C + B_L \tag{9-9}$$

이라 놓으면 복소어드미턴스 $Y = G + jB = Y\angle\theta'$ 에서

$$Y = \frac{I}{V} = \sqrt{G^2 + B^2} = \sqrt{\left(\frac{1}{R}\right)^2 + \left(\omega C - \frac{1}{\omega L}\right)^2} \tag{9-10}$$

$$\theta' = \tan^{-1}\frac{B}{G} = \tan^{-1}R\left(\omega C - \frac{1}{\omega L}\right) \tag{9-11}$$

위 관계식을 보면 어드미턴스가 결정되고 V가 주어지면 I는 $I = YV$에 의하여 구할 수 있다. I가 주어지면 V는 $V = I/Y$에 의하여 구할 수 있다. 또한 B의 부호에 따라서 각 θ'의 부호가 결정되며 다음의 3가지 경우를 생각할 수 있다.

① $\omega C > \frac{1}{\omega L}$인 경우 : $B > 0$, $\theta' > 0$이고, 용량성회로가 되며, 전류가 전압보다 위상이 θ'만큼 앞선다. 이 경우의 페이저도는 [그림 9-8]과 같다.

② $\omega C < \frac{1}{\omega L}$인 경우 : $B < 0$, $\theta' < 0$이고, 유도성회로가 되며, 전류가 전압보다 위상이 $|\theta'|$만큼 뒤진다.

③ $\omega C = \frac{1}{\omega L}$인 경우 : $B = 0$, $\theta' = 0$이고, 전압과 전류는 동상이고, 병렬공진이 된다.

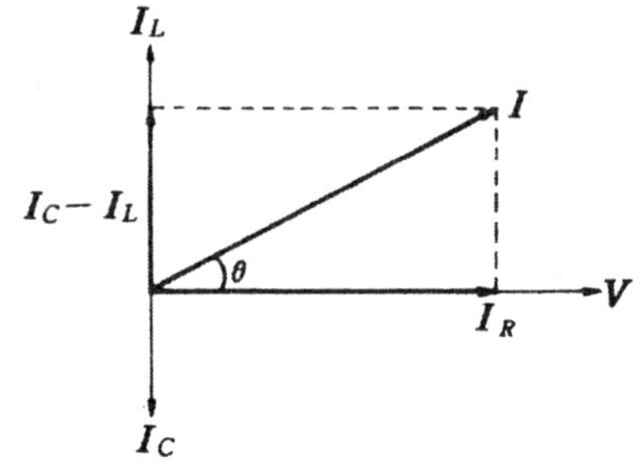

[그림 9-8] $\omega C > \dfrac{1}{\omega L}$ 인 경우의 페이저도

이상에서 $R-L-C$ 직렬회로와 병렬회로를 비교하여 보면 〈표 9-1〉에 다음과 같은 쌍대적 양을 추가할 수 있음을 알 수 있다.

〈표 9-1〉 쌍대적인 양

전압페이저 $\boldsymbol{V}$	전류페이저 $\boldsymbol{I}$
페이저로 표시된 KCL	페이저로 표시된 KVL
임피던스 $\boldsymbol{Z}$	어드미턴스 $\boldsymbol{Y}$
저항성분 R	컨덕턴스성분 G
리액턴스성분 X	서셉턴스성분 B
유도성리액턴스 $X_L = \omega L$	용량성서셉턴스 $B_C = \omega C$
용량성리액턴스 $X_C = -\dfrac{1}{\omega C}$	유도성서셉턴스 $B_L = -\dfrac{1}{\omega L}$

예제 9-5 [그림 9-9]와 같은 $R-L$ 병렬회로에서 $v = 141.4\sin(\omega t + 53.1°)$ [V]이고, $R = 3.3$ [Ω], $X_L = 2.5$ [Ω]이다. 회로에 흐르는 전류 I는 몇 [A]인가?

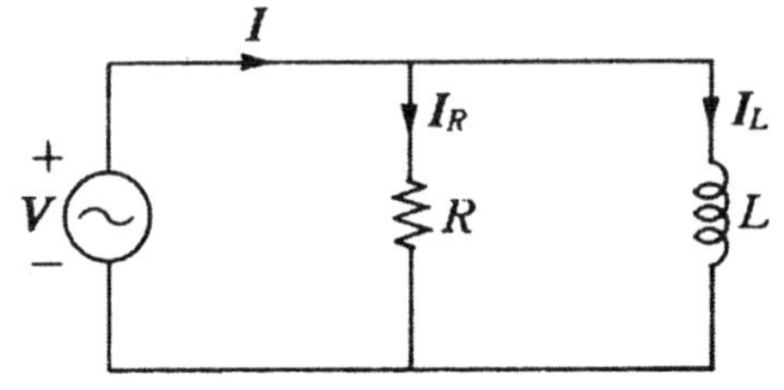

[그림 9-9]

풀이 $Y = G + jB_L = \dfrac{1}{R} - j\dfrac{1}{X_L}$

$$= \frac{1}{3.3} - j\frac{1}{2.5} = 0.3 - j0.4$$

$$= 0.5\angle -53.1° \ [℧]$$

전압을 극좌표형식으로 나타내면

$$\boldsymbol{V} = 100\angle 53.1°$$

$$\therefore \ \boldsymbol{I} = \boldsymbol{YV}$$

$$= 0.5\angle -53.1° \times 100\angle 53.1° = \mathbf{50\angle 0°}[\mathrm{A}]$$

예제 9-6 [그림 9-10]과 같은 $L-C$ 병렬에서 $X_L = 20\,[\Omega]$, $|X_C| = 24\,[\Omega]$이다. 이 회로에 100[V]의 교류전압을 가했을 때, 이 회로에 흐르는 전류 I의 크기와 전압과의 위상차를 구하여라.

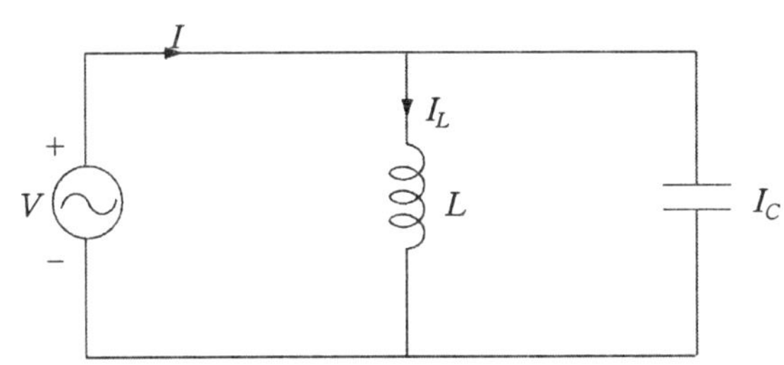

[그림 9-10]

풀이 $L-C$ 병렬회로이므로

$$I_L = \frac{V}{X_L} = \frac{100}{20} = 5\,[\mathrm{A}]$$

$$I_C = \frac{V}{|X_C|} = \frac{100}{24} = 4.17\,[\mathrm{A}]$$

I_L과 I_C는 180° 위상차(반대방향)이므로 전체전류 I는

$$I = I_L - I_C = 5 - 4.17 = 0.83\ [\mathrm{A}]$$

$$\boldsymbol{Z} = \frac{\boldsymbol{Z_L} \times \boldsymbol{Z_C}}{\boldsymbol{Z_L} + \boldsymbol{Z_C}} = \frac{j20(-j24)}{j20 - j24}$$

$$= -j120 = 120\angle -90°$$

$$\therefore \ I = \frac{V}{Z} = \frac{100}{120} = \mathbf{0.83}\,[\mathrm{A}]$$

위상은 전압보다 90° 뒤진다.

예제 9-7 $R=100\,[\Omega]$, $L=0.2\,[\mathrm{H}]$, $C=20[\mu\mathrm{F}]$가 [그림 9-7]과 같은 병렬회로에 전원전압 $v=156\sin 377t$를 인가할 때 흐르는 전류 i를 구하여라.

풀이 I_m을 구하기 위하여 페이저 전압의 크기를 $V_m=156$으로 잡으면 $\boldsymbol{V}=156\angle 0$이라 놓고 복소어드미턴스 $\boldsymbol{Y}$를 구하기 위하여

$$G=\frac{1}{R}=\frac{1}{100}=10\times 10^{-3}\,[\mho]$$

$$B_C=\omega C=377\times 20\times 10^{-6}=7.54\times 10^{-3}\,[\mho]$$

$$B_L=-\frac{1}{\omega L}=-\frac{1}{377\times 0.2}=-13.26\times 10^{-3}\,[\mho]$$

$$\therefore\ \boldsymbol{Y}=(10+j7.54-j13.26)\times 10^{-3}=11.5\times 10^{-3}\angle -30°$$

따라서 페이저 전류와 순시값 전류는

$$\boldsymbol{I}=\boldsymbol{YV}=(11.5\times 10^{-3}\angle -30°)(156\angle 0°)=1.8\angle -30°$$

$$\therefore\ \boldsymbol{i=1.8\sin(377t-30°)}\,[\mathrm{A}]$$

실험 9-1 $R-L$, $R-C$ 직렬회로 측정

목 적

$R-L$, $R-C$ 직렬회로의 각 소자 특성을 실험을 통하여 확인한다.

예비과제

1. [그림 9-1]에서 X_L, Z, I, V_R, V_L을 구하여라.

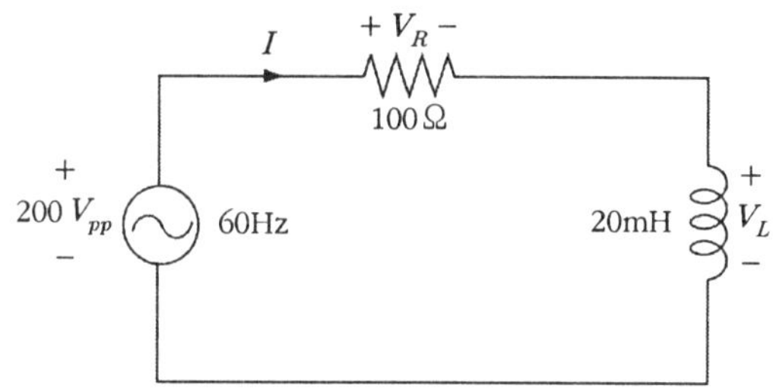

[그림 9-11]

2. [그림 9-12]에서 X_c, Z, I, V_R, V_C를 구하여라.

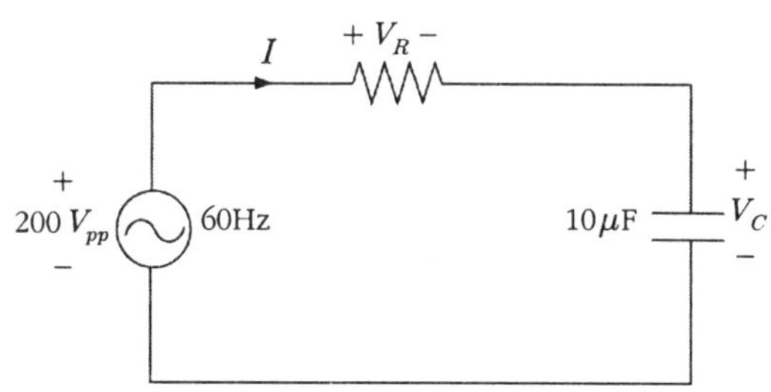

[그림 9-12]

3. 〈표 9-2〉, 〈표 9-3〉의 계산값을 구하고 기입하여라.

준비물

직류전원공급기, 회로시험기, 저주파발진기, 오실로스코프, 브레드보드
저항 (1kΩ, 2kΩ)

실 험

1. [그림 9-13]과 같은 $R-L$ 직렬회로를 브레드보드에 구성하고, 저주파발진기의 출력을 $V_{pp}=10$[V], $f=1$[kHz] 또는 10[kHz]로 정확히 조정하고, 〈표 9-2〉에 주어진 각 항에 대해 오실로스코프나 회로시험기를 이용하여 측정한 값을 기입하여라. 단 θ는 오실로스코프의 리사쥬도형을 그리고 계산하여라.

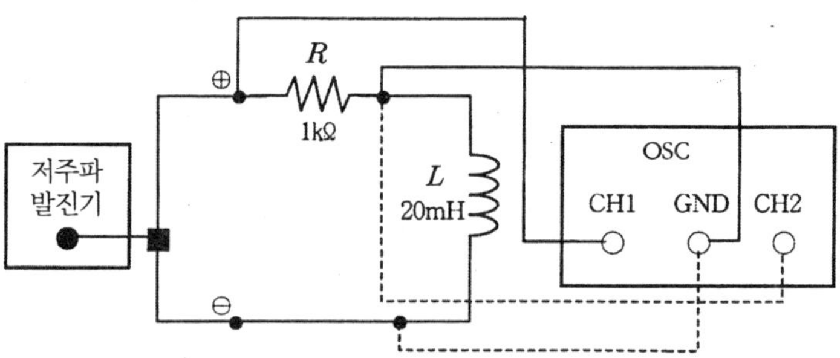

[그림 9-13] $R-L$ 직렬회로

2. [그림 9-14]와 같은 $R-C$ 직렬회로를 브레드보드에 구성하고, 저주파발진기의 출력을 $V_{pp}=10$[V], $f=1$[kHz] 또는 10[kHz]로 정확히 조정하고, 〈표 9-3〉에 주어진 각 항에 대해 오실로스코프나 회로시험기를 이용하여 측정하고 기입하여라. 단. θ는 오실로스코프의 리사쥬도형을 그리고 계산하여라.

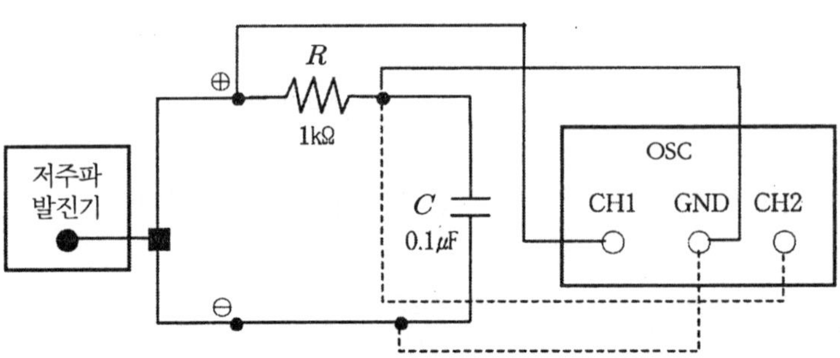

[그림 9-14] $R-C$ 직렬회로

실험결과 보고서

학과(전공)		학번		성명	
공동실험자				일자	20 년 월 일

1. 제목 : $R-L$, $R-C$
2. 회로도

3. 실험결과

〈표 9-2〉 $R-L$ 직렬회로 측정

구 분		10(V_{pp})	
		1(kHz)	10(kHz)
I	계산값		
	측정값		
	오 차		
V_R	계산값		
	측정값		
	오 차		
V_L	계산값		
	측정값		
	오 차		
V	계산값		
	측정값		
	오 차		
V_{pp}	계산값		
	측정값		
	오 차		

〈표 9-3〉 $R-C$ 병렬회로 측정

구 분		10(V_{pp})	
		1(kHz)	10(kHz)
I	계산값		
	측정값		
	오 차		
V_R	계산값		
	측정값		
	오 차		
V_C	계산값		
	측정값		
	오 차		
V	계산값		
	측정값		
	오 차		
θ	계산값		
	측정값		
	오 차		

4. 실험결과에 대한 의견 및 배운 점

실험 9-2 $R-L$, $R-C$ 병렬회로 측정

목 적

$R-L$, $R-C$ 병렬회로의 각 소자 특성을 실험을 통하여 확인한다.

예비과제

1. [그림 9-15]에서 B_L, Y, I, I_R, I_L을 구하여라.

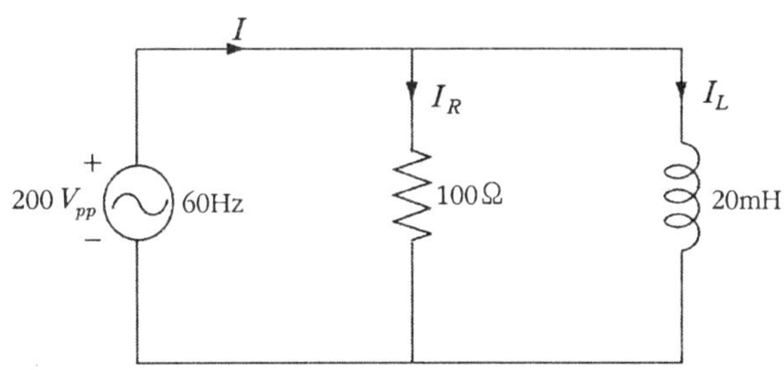

[그림 9-15]

2. [그림 9-16]에서 B_C, Y, I, I_R, I_L을 구하여라.

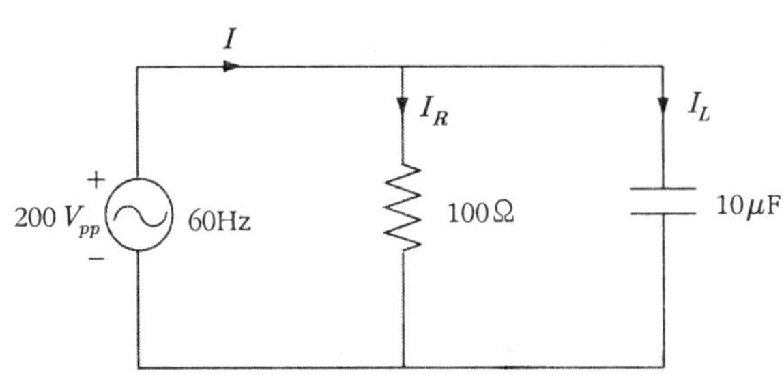

[그림 9-16]

3. 〈표 9-4〉, 〈표 9-5〉의 계산값을 구하고 기입하여라.

준비물

직류전원공급기, 회로시험기, 저주파발진기, 브레드보드
저항(1kΩ, 2.2kΩ)
코일(20mH), 콘덴서(0.1μF)

실 험

1. [그림 9-17]과 같은 $R-L$ 병렬회로를 브레드보드에 구성하고, 저주파발진기의 출력을 $V_{pp}=10[\text{V}]$, $f=1[\text{kHz}]$ 또는 $10[\text{kHz}]$로 정확히 조정하고 〈표 9-4〉에 주어진 각 항에 대해 회로시험기로 측정한 값을 기입하여라.

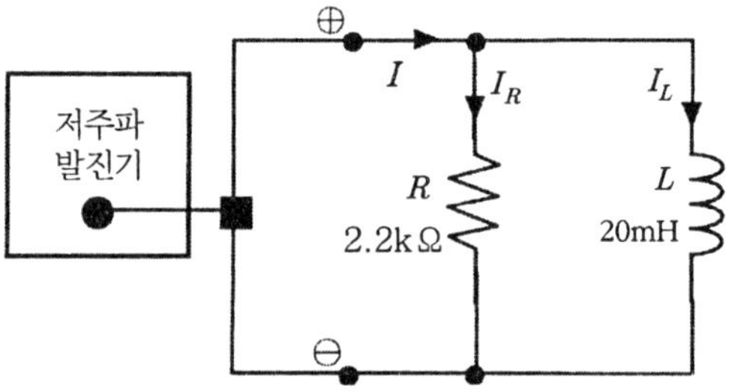

[그림 9-17] $R-L$ **병렬회로**

2. [그림 9-18]와 $R-C$ 병렬회로 브레드보드에 구성하고, 저주파발진기의 출력을 $V_{pp}=10[\text{V}]$, $f=1[\text{kHz}]$ 또는 $10[\text{kHz}]$로 정확히 조정하고, 〈표 9-5〉에 주어진 각 항에 대해 회로시험기로 측정한 값을 기입하여라.

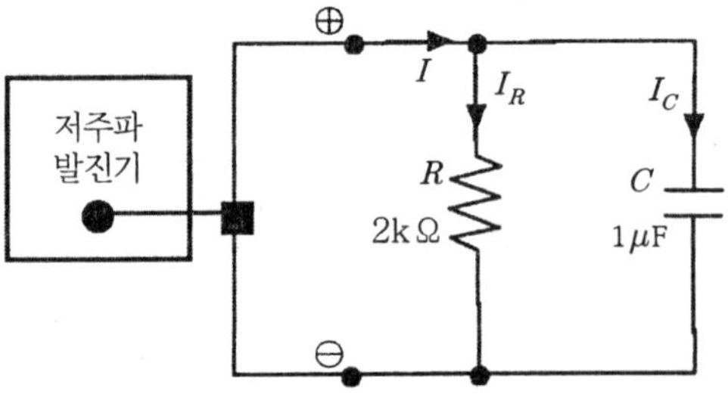

[그림 9-18] $R-C$ **병렬회로**

실험결과 보고서

학과(전공)		학번		성명	
공동실험자				일자	20 년 월 일

1. 제목 : $R-L$, $R-C$ 병렬회로 측정
2. 회로도

3. 실험결과

〈표 9-4〉 $R-L$ 병렬회로 측정

구 분		10(V_{pp})	
		1(kHz)	10(kHz)
I_R	계산값		
	측정값		
	오 차		
I_L	계산값		
	측정값		
	오 차		
I	계산값		
	측정값		
	오 차		

〈표 9-5〉 $R-C$ 병렬회로 측정

구 분		10(V_{pp})	
		1(kHz)	10(kHz)
I_R	계산값		
	측정값		
	오 차		
I_C	계산값		
	측정값		
	오 차		
I	계산값		
	측정값		
	오 차		

4. 실험결과에 대한 의견 및 배운 점

실험 9-3 $R-L-C$ 직렬과 병렬회로 측정

목 적

$R-L-C$ 직렬과 병렬회로의 각 소자 특성을 실험을 통하여 확인한다.

예비과제

1. [그림 9-19]에서 X_L, X_C, Z, I, V_R, VI_L, VI_C를 구하여라.

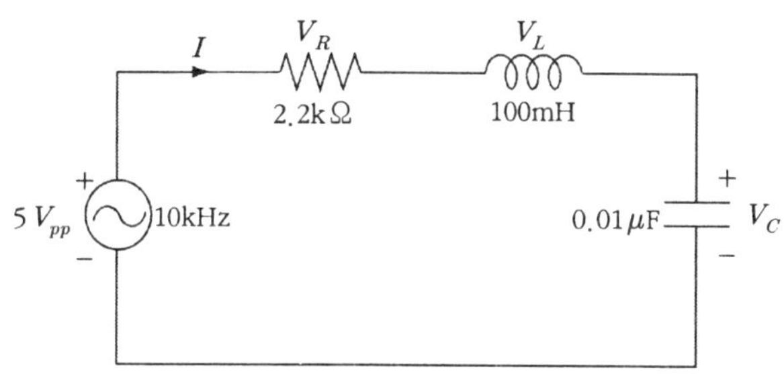

[그림 9-19]

2. [그림 9-20]에서 B_L, B_C, Y, I, I_R, I_L, I_C를 구하여라.

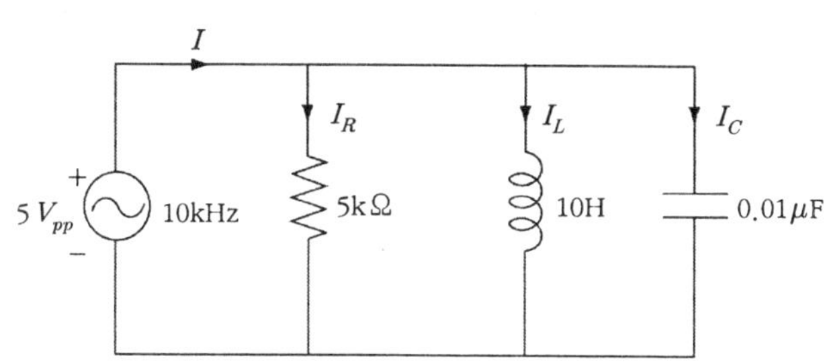

[그림 9-20]

3. 〈표 9-6〉, 〈표 9-7〉의 계산값을 구하고 기입하여라.

준비물

직류전원공급기, 회로시험기, 저주파발진기, 오실로스코프, 브레드보드

저항(1kΩ)

코일(50mH) 콘덴서(1μH)

실 험

1. [그림 9-21]과 같은 회로를 브레드보드에 구성하고, 저주파발진기의 출력을 $V_{pp}=10[\mathrm{V}]$, f=1[kHz] 또는 10[kHz]로 정확히 조정하고 〈표 9-6〉에 주어진 각 항에 대해 회로시험기나 오실로스코프로 측정한 값을 기입하여라.

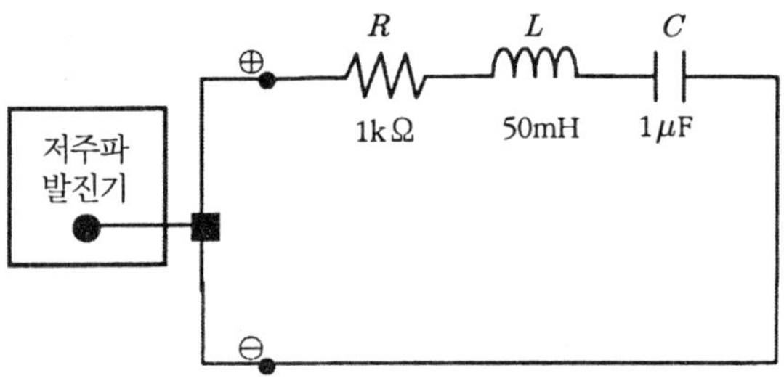

[그림 9-21] $R-L-C$ 직렬회로

2. [그림 9-22]와 $R-L-C$ 병렬회로를 브레드보드에 구성하고, 저주파발진기의 출력을 $V_{pp}=10[\mathrm{V}]$, f=1[kHz] 또는 10[kHz]로 정확히 조정하고, 〈표 9-10〉에 주어진 각 항에 대해 회로시험기나 오실로스코프로 측정한 값을 기입하여라.

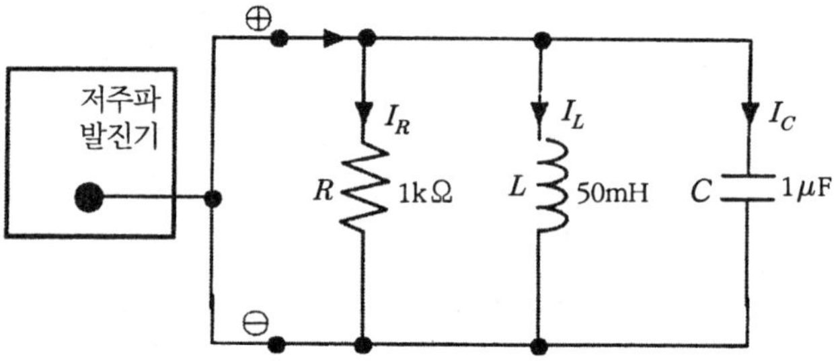

[그림 9-22] $R-L-C$ 병렬회로

실험결과 보고서

학과(전공)		학번		성명	
공동실험자				일자	20 년 월 일

1. 제목 : $R-L-C$ 직렬과 병렬회로 측정
2. 회로도

3. 실험결과

〈표 9-6〉 $R-L-C$ 직렬회로 측정

구 분		10(V_{pp})	
		1(kHz)	10(Hz)
I_R	계산값		
	측정값		
	오 차		
V_R	계산값		
	측정값		
	오 차		
V_L	계산값		
	측정값		
	오 차		
V_C	계산값		
	측정값		
	오 차		
V	계산값		
	측정값		
	오 차		

〈표 9-7〉 $R-L-C$ 병렬회로 측정

구 분		10(V_{pp})	
		1(kHz)	10(kHz)
I	계산값		
	측정값		
	오 차		
I_R	계산값		
	측정값		
	오 차		
I_L	계산값		
	측정값		
	오 차		
I_C	계산값		
	측정값		
	오 차		

4. 실험결과에 대한 의견 및 배운 점

제10장

공진과 필터 및 미분과 적분회로

10-1 공진의 의미

10-2 직렬공진회로

10-3 전압확대율과 선택도

10-4 병렬공진회로

10-5 주파수응답

10-6 필 터

10-7 미분과 적분회로

- **실험 10-1** $R-L-C$ 직렬공진
- **실험 10-2** $R-L-C$ 병렬공진
- **실험 10-3** 저역통과회로와 적분회로
- **실험 10-4** 고역통과필터와 미분회로

10-1 | 공진의 의미

어떤 물체에 주기적인 힘은 외부에서 가하는 경우, 그 힘의 주기를 물체가 진동하는 주기인 고유주기와 일치시키면 작은 힘으로도 큰 진동을 일으킬 수 있다. 이와 같은 현상은 외나무다리를 건널 때 다리의 상하진동에 보조를 맞추어 걸으면 순식간에 큰 진동이 일어나는 현상을 느낄 수 있다. 이와 같은 현상을 공진(resonance)이라고 하며(음의 경우는 공명), 이러한 현상은 전기계에도 존재한다.

전기회로에 인가되는 전원의 주파수가 회로 자체의 고유주파스(natural frequency)와 일치하면 회로에는 큰 전기적 진동이 일어난다. 그리고 기계적 진동이 일어나려면 물체의 운동에너지와 위치에너지 사이에 에너지 교환이 있어야 하는 것처럼 전기적 진동이 일어나려면 유도기에 축적되는 자기에너지와 용량기에 축적되는 전기에너지 사이에 에너지 교환이 있어야 한다.

그러므로 전기적 공진회로에는 L과 C의 공존이 필요하며 이것들이 연결되는 방식에 따라서 직렬공진, 병렬공진, 직병렬공진회로 등으로 나누어진다.

특히 공진회로는 통신공학에서 주파수선택, 잡음제거 또는 주파수변환용으로 널리 사용된다.

10-2 | 직렬공진회로

[그림 10-1]과 같은 $R-L-C$ 직렬회로에서 전원전압의 크기는 일정하고 주파수만 변화시킬 때 입력임피던스 $\boldsymbol{Z}$는

$$\boldsymbol{Z}=R+jX=R+j\left(\omega L-\frac{1}{\omega C}\right)=Z\angle\theta$$

$$Z=\sqrt{R^2+\left(\omega L-\frac{1}{\omega C}\right)^2}$$

$$\theta=\tan^{-1}\frac{\omega L-\frac{1}{\omega C}}{R}$$

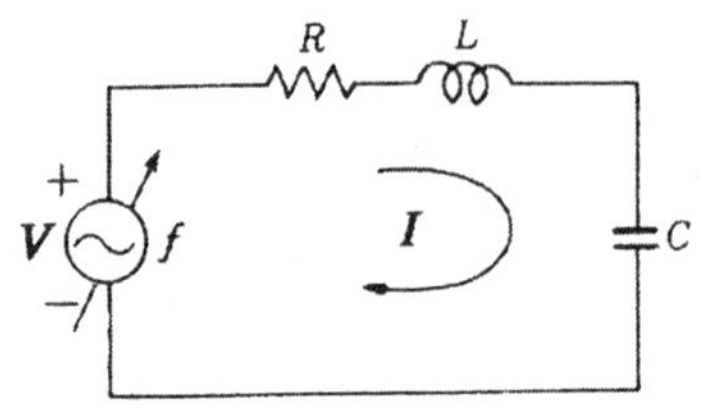

[그림 10-1] $R-L-C$ 직렬공진회로

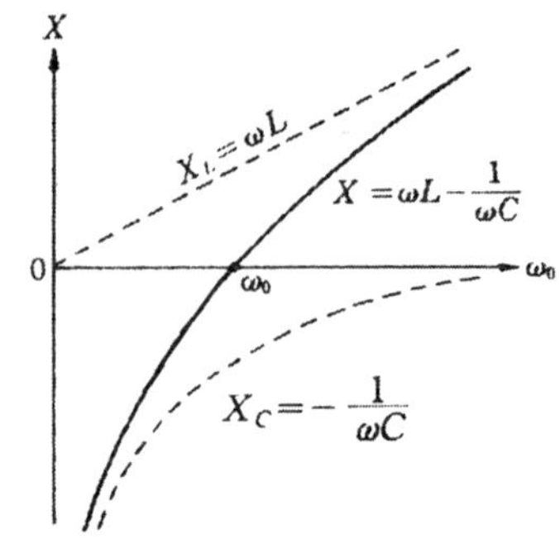

[그림 10-2] 공진시 X와 ω의 관계

여기서 각주파수 ω를 변화시켜 $\omega L = \dfrac{1}{\omega C}$이 되었다면, 즉 $X = \omega L - \dfrac{1}{\omega C} = 0$일 때 임피던스는 순저항과 같이 $\boldsymbol{Z}= R$이고, $\theta = 0$이며 $I = \dfrac{V}{R}$로서 회로에는 최대전류가 흐르며, $\boldsymbol{V}$와 $\boldsymbol{I}$는 동상일 때 이 회로는 공진상태에 있다고 하며, 이 상태를 직렬공진(series resonance), 전압공진(voltage resonance) 또는 간단히 공진(resonance)이라고도 한다.

각주파수 ω를 0에서 ∞까지 변화시킬 때 리액턴스 X의 변화를 나타내면 [그림 10-2]와 같이 된다. 이 그림에서 알 수 있듯이 낮은 주파수에서는 용량성리액턴스가 우세하므로 $X < 0$이고 높은 주파수에서는 유도성리액턴스가 우세하므로 $X > 0$이다. 그리고 중간에 $X = 0$이 되는 점, 즉 $X_L = |X_C|$가 되는 점 ω_0가 존재하며, 이 때는 전압과 전류가 동상이 된다.

일반적으로 2단자회로의 단자전압과 전류가 어떤 특정한 주파수에서 동상이 될 때 이 회로는 그 주파수에 공진상태에 있다고 말하며, 이때의 주파수를 공진주파수(resonant frequency)라고 한다.

$R-L-C$ 직렬회로의 공진각주파수 ω_0, 공진주파수 f_0라 하면 다음과 같다.

$$\omega_0 L - \frac{1}{\omega_0 C} = 0$$

$$\therefore\ \omega_0 = \frac{1}{\sqrt{LC}},\ f_0 = \frac{1}{2\pi\sqrt{LC}} \tag{10-1}$$

[그림 10-3]은 R, X, Z와 ω의 관계를 나타낸 것이다. 공진각주파수에서 $X=0$이

므로 $Z=R$이고 임피던스는 최소가 된다.

[그림 10-4]는 어드미턴스의 주파수 특성곡선으로서 임피던스 곡선의 역이 되고, $\omega=\omega_0$에서 어드미턴스 Y는 최대가 되며, 그 값은 $\frac{1}{R}$이 된다. 따라서 회로 손실과 관계되는 R이 적을수록 Y곡선은 더욱 뾰족하게 되는데, 이러한 특성곡선을 공진곡선(resonance curve)이라고 한다.

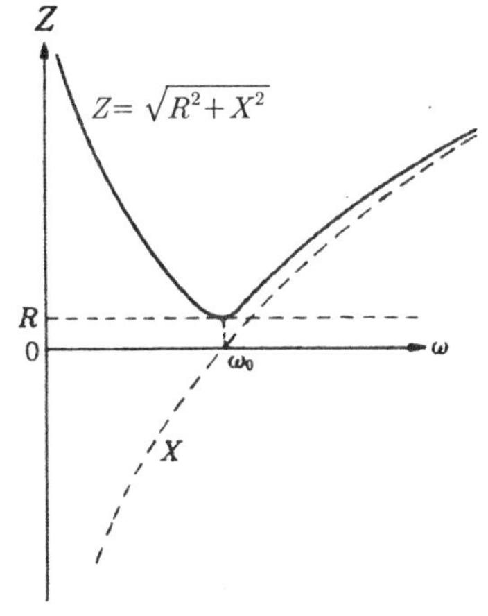

[그림 10-3] 공진시 R, X, Z와 ω의 관계

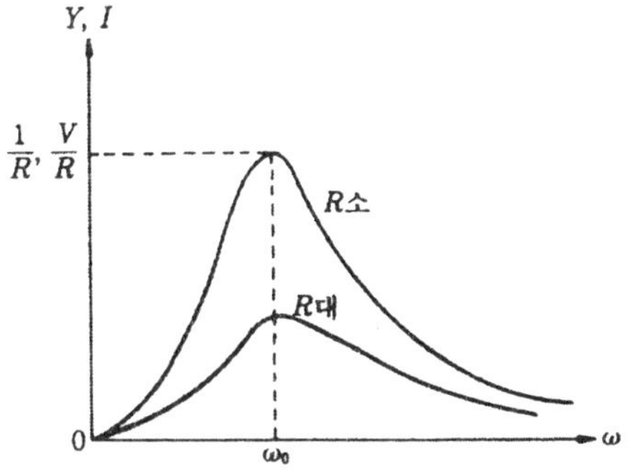

[그림 10-4] 공진시 Y, I와 ω의 관계

또한 회로의 저항이 적으면 공진전류는 매우 크게 되며, 그 결과 L 또는 C의 양단에는 공진전압의 수십 배 또는 그 이상의 매우 큰 전압이 나타난다.

예제 10-1 직렬공진회로의 $R=20[\Omega]$, $L=0.25\,[\text{mH}]$, $C=281.4[\mu\text{F}]$이다. 이 회로의 공진주파수 f_0는 몇 [Hz]인가?

풀이 $$f_0=\frac{1}{2\pi\sqrt{LC}}=\frac{1}{2\pi\sqrt{0.25\times10^{-3}\times281.4\times10^{-6}}}=\mathbf{600}[\text{Hz}]$$

예제 10-2 $R-L-C$ 직렬공진회로에서 커패시턴스가 $3[\mu\text{F}]$일 때 주파수 500[Hz]에서 공진현상이 일어났다. 공진시의 인덕턴스 L은 몇 [mH]인가?

풀이 $$f_0=\frac{1}{2\pi\sqrt{LC}}$$ 로부터

$$L=\frac{1}{4\pi^2{f_0}^2C}=\frac{1}{4\pi^2\times500^2\times3\times10^{-6}}=\mathbf{33.8}[\text{mH}]$$

10-3 | 전압확대율과 선택도

직렬공진시의 V_L 및 V_C의 공진전압 V에 대한 비율을 전압확대율이라 하고, 일반적으로 기호는 Q_0로 표시하며, 양호도(quality factor)라고도 한다. 즉

$$Q_{0L} = \frac{V_L}{V} = \frac{\omega_0 L I_0}{R I_0} = \frac{\omega_0 L}{R}$$

$$Q_{0C} = \frac{V_C}{V} = \frac{\frac{1}{\omega_0 C} I_0}{R I_0} = \frac{1}{R \omega_0 C}$$

이 되고, $\omega_0 L = \frac{1}{\omega_0 C}$의 관계가 있으므로 $Q_{0L} = Q_{0C} = Q_0$로 되어

$$Q_0 = \frac{\omega_0 L}{R} = \frac{1}{R \omega_0 C} \tag{10-2}$$

이 된다.

따라서 L, C에서의 전압확대율 또는 직렬공진회로의 양호도 Q_0의 값은 R에 비해서 $\omega_0 L$ 또는 $\frac{1}{\omega_0 C}$이 클수록 커짐을 알 수 있다.

또한 $R-L-C$ 직렬회로에서 크기는 같지만 주파수가 다른 여러 가지의 전압을 인가하면 공진주파수 ω_0의 전압에 대한 전류가 가장 큰 공진전류 I_0가 되고, 다른 주파수의 전류는 I_0에 비해 매우 작다. 따라서 공진각주파수 ω_0인 전압만이 Q_0배로 확대되어 L과 C의 양단에 나타나지만 다른 주파수의 전압은 매우 작다. 즉 $R-L-C$ 직렬회로에서는 공진각주파수 ω_0의 전류만이 선택되어 확대된다. 이 선택성이 [그림 8-4]의 공진곡선이 뾰족할수록 크다.

그런데 이 뾰족한 정도를 나타내는 방법으로서 공진곡선에서 ω_0에 아주 가까운 곳에 같은 전류 I에 대한 각주파수 ω_1, ω_2를 [그림 10-5]과 같이 택하고 $\omega_2 - \omega_1$을 대폭 또는 대역폭 $\Delta\omega$라 하면 다음과 같다.

$$S = \frac{\omega_0}{\omega_2 - \omega_1} = \frac{\omega_0}{\Delta\omega}$$

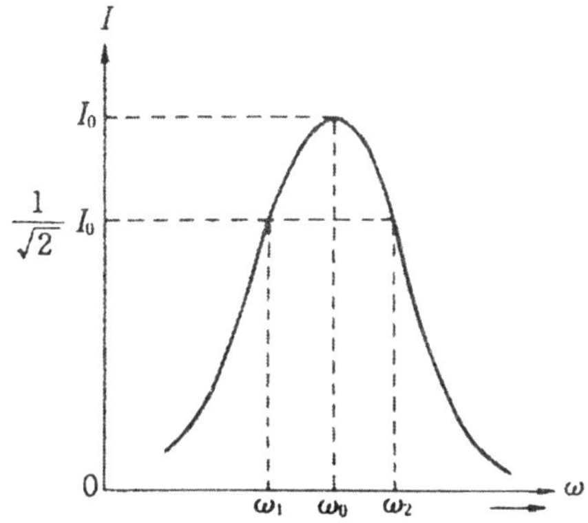

[그림 10-5] 공진곡선

여기서 이 S가 클수록 공진곡선이 뾰족하게 됨을 알 수 있다. 이때 S를 첨예도(sharpness) 또는 선택도(selectivity)라고 한다.

일반적으로 선택도는 I_0의 $\frac{1}{\sqrt{2}}=0.707$인 때의 각주파수 ω_1, ω_2로 표시하는 경우가 많으므로 이런 경우의 S와 Q의 관계는

$$\omega_1\omega_2=\omega_0^{\ 2},\ \ \Delta\omega=\omega_2-\omega_1=\frac{\omega_0}{Q_0}$$

가 있으므로, 이를 식 (10-3)에 대입하면

$$S=\frac{\omega_0}{\omega_2-\omega_1}=\frac{\omega_0}{\Delta\omega}=Q_0 \qquad (10\text{-}3)$$

가 된다. 즉 전압확대율 Q_0와 선택도 S는 같음을 알 수 있다.

이상의 결과에서 Q_0가 큰 $R-L-C$ 직렬회로는 전압확대율과 선택도가 모두 크다는 것을 알 수 있다.

예제 10-3 $R=2[\Omega]$, $L=1.6\,[\text{mH}]$, $C=4[\mu\text{F}]$의 $R-L-C$ 직렬회로가 전원전압 100 [V]에 연결되어 있다. 다음을 구하여라.

(a) 공진각주파수 ω_0

(b) 공진회로의 선택도 Q_0

(c) 공진시 C의 양단전압 V_C

풀이 (a) $\omega_0 = \frac{1}{\sqrt{LC}} = \frac{1}{\sqrt{1.6 \times 10^{-3} \times 4 \times 10^{-6}}} = \mathbf{12.5}[\text{kHz}]$

(b) $Q_0 = \frac{\omega_0 L}{R} = \frac{12.5 \times 10^3 \times 1.6 \times 10^{-3}}{2} = \mathbf{10}$

(c) $V_C = Q_0 V = 10 \times 100 = \mathbf{1000}[\text{V}]$

10-4 | 병렬공진회로

[그림 10-6]과 같은 $R-L-C$ 병렬회로에서 전원전압의 크기는 일정하고 주파수만 변화시킬 때 입력어드미턴스 $\boldsymbol{Y}$는

$$\boldsymbol{Y} = \frac{1}{R} + j\left(\omega C - \frac{1}{\omega L}\right) = Y\angle\theta'$$

$$Y = \sqrt{\left(\frac{1}{R}\right)^2 + \left(\omega C - \frac{1}{\omega L}\right)^2}$$

$$\theta' = \tan^{-1} R\left(\omega C - \frac{1}{\omega L}\right)$$

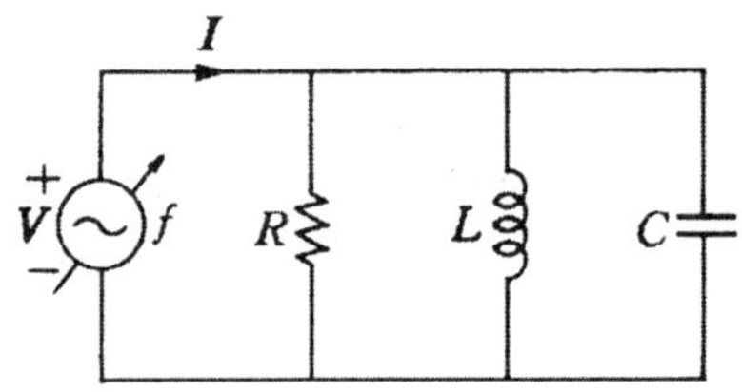

[그림 10-6] $R-L-C$ 병렬공진회로

여기서 각주파수 ω를 변화시켜 $\omega C = \frac{1}{\omega L}$이 되었다면, 즉 $B = \omega C - \frac{1}{\omega L} = 0$일 때 어드미턴스는 순컨덕턴스 $G = \frac{1}{R}$이고, $\theta = 0$이며 $I = \frac{V}{R}$로서 전원에는 최소 전류가 흐르며 $\boldsymbol{V}$와 $\boldsymbol{I}$는 동상이다. 이때 회로는 공진상태에 있다고 하며, 이 상태를 병렬공진(parallel resonance), 전류공진(current resonance) 또는 간단히 반공진(antiresonance)이라고도 한다.

한편 일반적인 통신회로에서의 병렬공진회로는 $R-L-C$ 각 소자를 병렬로 연결하지 않고 [그림 10-7]과 같이 약간의 저항이 포함된 코일과 커패시터를 병렬로 연결하여 공진시킨다.

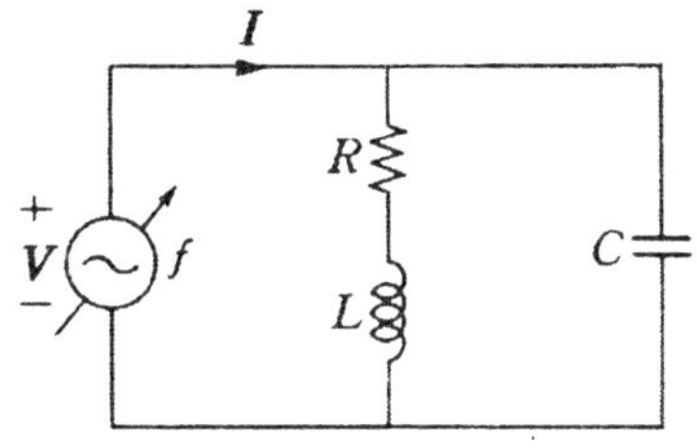

[그림 10-7] $R-L-C$ 병렬공진회로

[그림 10-7]에서 입력어드미턴스 Y는

$$Y=\frac{1}{R+j\omega L}+j\omega C=\frac{R}{R^2+\omega^2L^2}+j\left(\omega C-\frac{\omega L}{R^2+\omega^2L^2}\right)$$

여기서 어드미턴스의 허수부인 서셉턴스 성분이 $B=0$이면(Z를 구해서 $X=0$으로 해도 같다) 병렬공진이 된다.

따라서 병렬공진 각주파수 ω_0는 $B=0$일 때의 주파수이므로

$$\omega_0 C=\frac{\omega_0 L}{R^2+{\omega_0}^2L^2}$$

이므로

$$\omega_0=\sqrt{\frac{1}{LC}-\frac{R^2}{L^2}}, \quad f_0=\frac{1}{2\pi}\sqrt{\frac{1}{LC}-\frac{R^2}{L^2}} \tag{10-4}$$

그러나 저항값이 매우 작아서 무시할 수 있다면

$$\omega_0=\frac{1}{\sqrt{LC}}, \quad f_0=\frac{1}{2\pi\sqrt{LC}} \tag{10-5}$$

이 되어 직렬공진회로의 공진주파수와 같은 식이 된다.

한편 병렬공진회로에서 공진임피던스 Z_0는

$$Z_0 = \frac{1}{Y_0} = \frac{R^2 + {\omega_0}^2 L^2}{R}$$

로 이루어진다. 그러나 실제의 경우 R은 대체로 매우 작으며, 특히 고주파에서는 R^2에 비해 ${\omega_0}^2 L^2$은 대단히 크기 때문에

$$R^2 + {\omega_0}^2 L^2 \fallingdotseq {\omega_0}^2 L^2$$

이라고 생각해도 무방하다. 따라서

$$Z_0 = \frac{{\omega_0}^2 L^2}{R}$$

로 주어지면,

$$\boldsymbol{Z_0 = \frac{L}{RC}} \tag{10-6}$$

로 표시될 수 있다.

병렬공진시는 회로의 어드미턴스가 최소로 되므로 일정 전압 아래에서 전전류 I에 대한 공진곡선은 [그림 10-8]과 같이 된다. 그림에서 보는 바와 같이 이 경우의 공진곡선은 직렬공진시의 공진곡선과는 반대로 $\omega = \omega_0$에서 전류 I는 최소가 되므로 병렬공진을 반공진이라고 하는 이유가 여기에 있다.

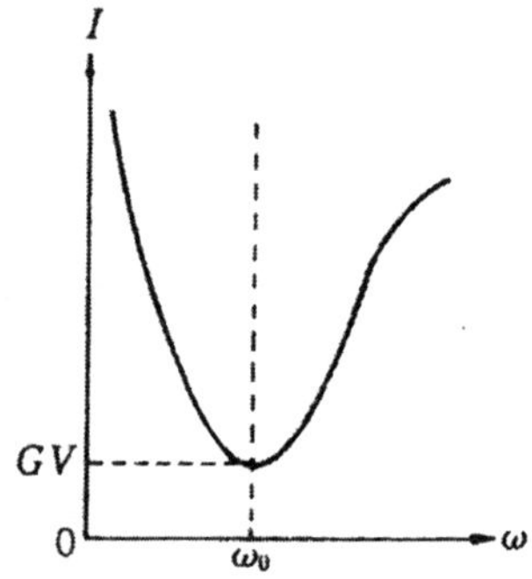

[그림 10-8] 전류공진곡선

병렬공진시는 이와같이 회로 유입전류가 최소가 되는데 이때 회로를 흐르는 I_L, I_C 및 공진시의 전류 I_0의 크기에 대해서 알아보자.

일반적인 경우로서 $\omega_0 L \gg R$, $\omega_0 C = \frac{1}{\omega_0 L}$이라고 하면

$$I_L = \frac{V}{\omega_0 L},\ I_C = \omega_0 CV,\ I_0 = \frac{CR}{L}V$$

여기서 공진전류 I_0에 대한 I_L, I_C의 비를 구하면

$$\frac{I_L}{I_0} = \frac{I_C}{I_0} = \frac{\omega_0 L}{R} = \frac{1}{R\omega_0 C} = Q_0 \tag{10-7}$$

가 되어 직렬공진시의 전압확대율과 마찬가지로 병렬공진에서 I_L 및 I_c의 전류확대율은 $\frac{\omega_0 L}{R}$ 또는 $\frac{1}{R\omega_0 C}$배로 커지며, 아울러 병렬공진회로의 양호도도 직렬공진회로의 양호도와 역시 같음을 알 수 있다. 이와 같은 의미에서 병렬공진을 전류공진이라고도 한다.

예제 10-4 $R = 10[\Omega]$, $L = 0.4\,[\text{mH}]$의 코일과 $C = 250[\text{pF}]$의 콘덴서와의 병렬공진회로에서 공진주파수와 공진임피던스를 구하여라.

풀이 $R << \omega_0 L$의 조건이 성립하므로 공진주파수는

$$f_0 = \frac{1}{2\pi\sqrt{LC}} = \frac{1}{2\pi\sqrt{0.4\times 10^{-3}\times 250\times 10^{-12}}} = \frac{10^7}{2\pi\sqrt{10}} \fallingdotseq 500[\text{kHz}]$$

공진임피던스는

$$Z_0 = \frac{L}{RC} = \frac{0.4\times 10^{-3}}{10\times 250\times 10^{-12}} = \frac{4\times 10^7}{250} = 160[\text{k}\Omega]$$

10-5 | 주파수응답

[그림 10-9]와 같은 $R-C$ 직렬회로에서 전원전압의 크기를 일정하게 유지하고, 주파수를 변화시킬 때 정상상태에서 C 양단의 전압이 어떻게 변하는가를 알아보자. 전압분배의 법칙에 의해

$$\boldsymbol{V}_2 = \frac{\frac{1}{j\omega C}}{R+\frac{1}{j\omega C}}\boldsymbol{V}_1 = \frac{1}{1+j\omega CR}\boldsymbol{V}_1$$

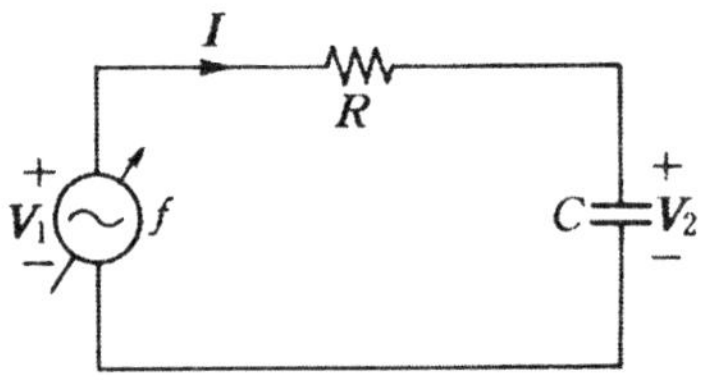

[그림 10-9] $R-C$ 직렬회로

따라서 페이저 전압의 크기와 위상을 $\boldsymbol{V}_1 = V_1\angle 0$이라 하면

$$V_2 = \frac{1}{\sqrt{1+\omega^2R^2C^2}}V_1$$

$$\phi = -\tan^{-1}\omega RC$$

여기서 ϕ는 출력전압 $\boldsymbol{V}_2$와 입력전압 $\boldsymbol{V}_1$과의 위상차이다. 식 (10-2), (10-3)으로부터 출력전압의 크기 V_2와 위상차 ϕ는 모두 주파수 ω의 함수임을 알 수 있다.

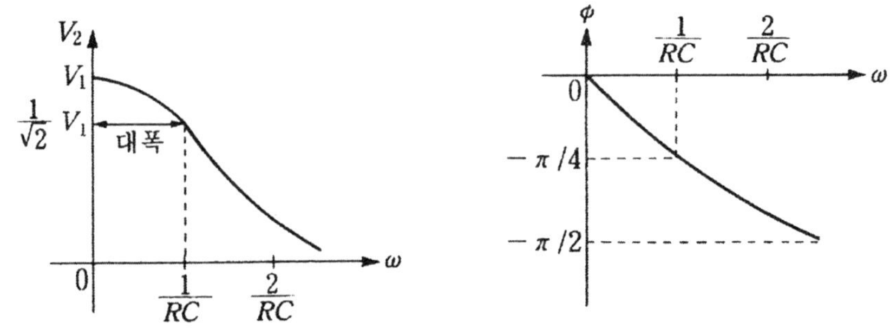

(a) 진폭응답곡선 (b) 위상응답곡선

[그림 10-10] $R-C$ 회로의 주파수응답곡선

[그림 10-10]은 주파수의 변화에 따라 출력전압의 크기와 위상을 나타낸 그래프이며, [그림 10-10](a)를 진폭응답곡선(amplitude response curve), [그림 10-10](b)를 위상응답곡선(phase response curve)이라 하며, 이 두 곡선을 통틀어 주파수응답곡선(frequency response curve)이라 한다.

[그림 10-10]에서와 같이 출력전압의 크기는 $\omega = 0$에서 입력전압과 같지만 주파수가 높아짐에 따라 점차로 작아진다. 한편 출력전압의 위상은 주파수가 높아짐에 따라 입력전압보다 더욱 늦어지며 $\omega = \infty$에서는 90° 만큼 늦어진다. 즉 낮은 주파수에서는 용량성리액턴스가 크므로 입력전압의 대부분은 C 양단에 걸리나, 주파수가 높아짐에 따라 $1/\omega C$은 R에 비하여 자꾸만 적어지므로 입력전압은 R 양단에 더욱 많이 분배되고 C 양단에는 더욱 작은 전압이 나타난다.

식 (10-1)의 분모에서 허수부가 실수부와 같게 되는 주파수를 ω_0라 하면

$$\omega_c = \frac{1}{RC} \tag{10-8}$$

이 되며, 이때

$$V_2 = \frac{1}{\sqrt{2}} V_1$$

이 되고 $\phi = -45°$가 된다.

이 $R-C$회로는 대체로 보아서 $\omega < \omega_c$의 범위에 있는 낮은 주파수는 출력에 잘 나타나지만, $\omega \geq \omega_c$의 범위에 있는 높은 주파수는 많이 감소되어 나타나는 주파수선택성을 갖는다. 이와 같은 회로를 저역통과회로(low-pass circuit)라고 부르고, 주파수 $0 \sim \omega_c$의 범위를 필터의 대폭(band width), $\frac{1}{RC}$를 필터의 차단주파수(cut-off frequency)라고 한다. 그리고 진폭이 비교적 감쇠되지 않고 잘 통과되는 주파수 범위를 통과대역(pass band), 저지되어 진폭이 작아지는 주파수 범위를 저지대역(stop band)이라 한다.

예제 10-5 [그림 10-11]과 같은 저역통과 여파기에서 전원전압의 크기를 일정하게 유지하고 주파수를 변화시킬 때 V_1을 입력전압, V_2를 출력전압, $R = 100[\text{k}\Omega]$, $C = 0.1[\mu\text{F}]$라 할 때 차단주파수를 f_c를 구하여라.

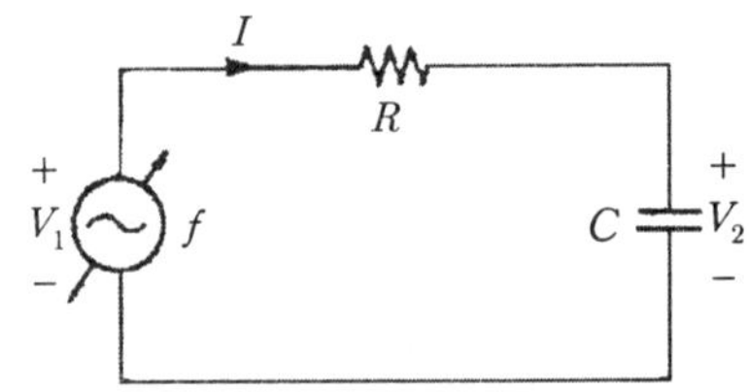

[그림 10-11]

풀이 $V_2 = \dfrac{\dfrac{1}{j\omega C}}{R + \dfrac{1}{j\omega C}} \times V_1 = \dfrac{1}{1 + j\omega RC} \times V_1$

$$\left|\frac{V_2}{V_1}\right| = \frac{1}{\sqrt{1+(\omega RC)^2}} = \frac{1}{\sqrt{2}}$$

$$(\omega RC)^2 = 1, \qquad \omega = \frac{1}{RC}$$

$$\therefore f_c = \frac{1}{2\pi RC} = \frac{1}{2\pi \times 10^5 \times 10^{-7}} = 16[\text{Hz}]$$

10-6 | 필 터

필터(filter)는 여러 주파수를 포함하는 신호원으로부터 부하에 전력을 공급할 때 어느 범위의 주파수는 감쇠가 적게 전송되고 다른 범위의 주파수는 감쇠를 크게 하여 전송되는 회로로서 여파기라고도 하며, 주파수 선택성의 필터는 일반적으로 주파수 특성에 따라 다음과 같이 분류한다.

(1) 저역통과필터(LPF)

저역통과필터(Low Pass Filter ; LPF)는 낮은 주파수신호는 잘 통과시키나 높은 주파수신호는 저지하는 필터(여파기)로서 [그림 10-12]는 저항과 콘덴서를 이용한 RC 저역통과필터로 전원주파수가 높아지면 콘덴서의 용량성리액턴스 $X_C(=1/2\pi f_c)$가 작아지므로 출력이 작게 나타나고, 반대로 주파수 낮아지면 X_C가 커져서 출력이 크게 나타나게 된다. 이와 같이 주파수의 변화에 대한 입력전압과 출력전압의 진폭(크기)의 비를 그린 것이 [그림 10-13]의 진폭특성이다.

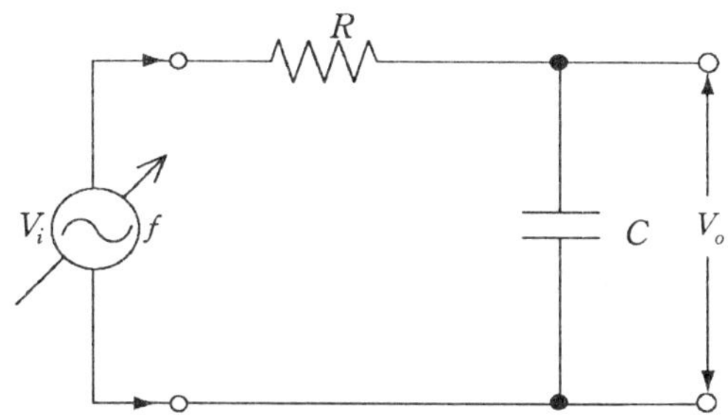

[그림 10-12] $R-C$ 저역통과필터회로

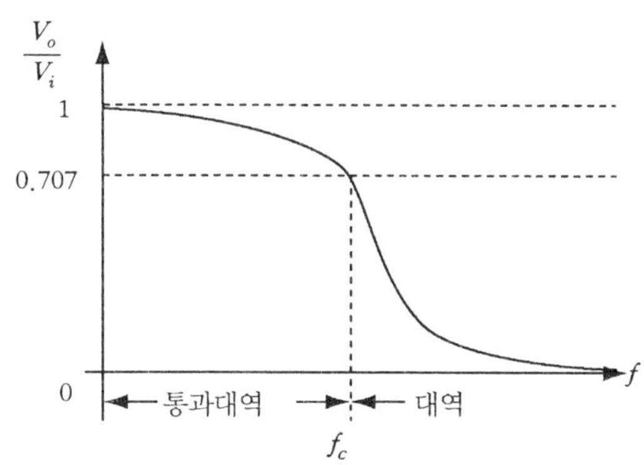

[그림 10-13] 저역통과필터 진폭응답곡선

(2) 고역통과필터(HPT)

고역통과필터(High Pass Filter ; HPF)는 높은 주파수 신호는 잘 통과시키나 낮은 주파수신호는 저지하는 필터로서 $R-C$ 저역통과필터회로에서 저항과 콘덴서의 위치를 바꿈으로서 [그림 10-14]와 같은 간단한 $R-C$ 고역통과필터회로를 구성할 수 있다.

이 필터회로는 저역통과필터와 반대로 동작하므로 주파수의 변화에 따른 진폭응답곡선은 [그림 10-15]와 같다.

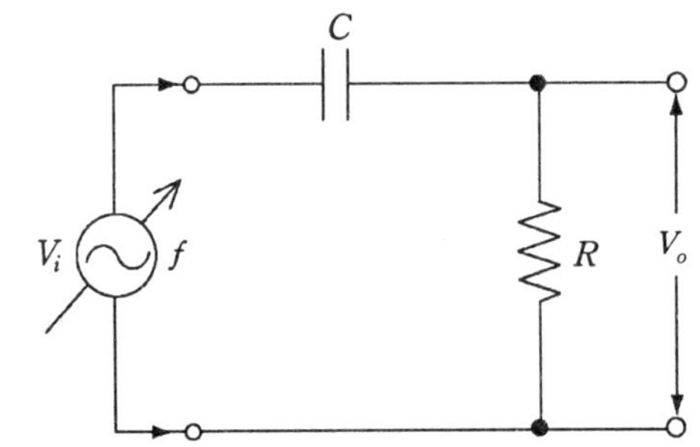

[그림 10-14] $C-R$ 고역통과필터회로

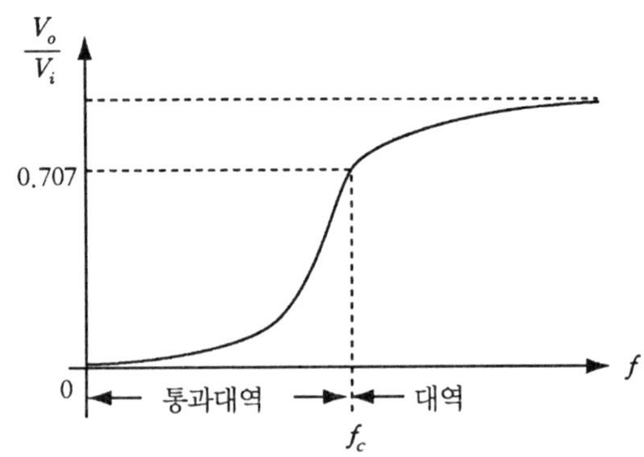

[그림 10-15] 고역통과필터 진폭응답곡선

(3) 대역통과필터(BPF)

대역통과필터(Band Pass Filter : BPF)는 중간 범위의 주파수신호는 잘 통과시키나 이보다 낮거나 높은 주파수를 잘 통과시키지 않는 필터로서 대역통과필터 회로는 [그림 10-16, 17]에 대역통과필터 진폭응답곡선은 [그림 10-18]에 나타내었다.

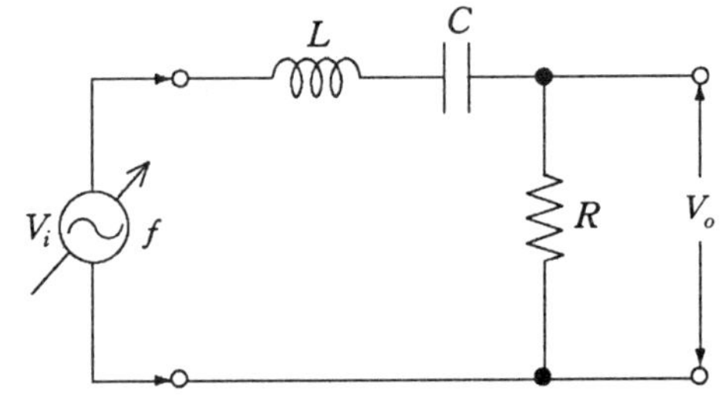

[그림 10-16] $R-L-C$ 직렬공진 대역통과필터회로

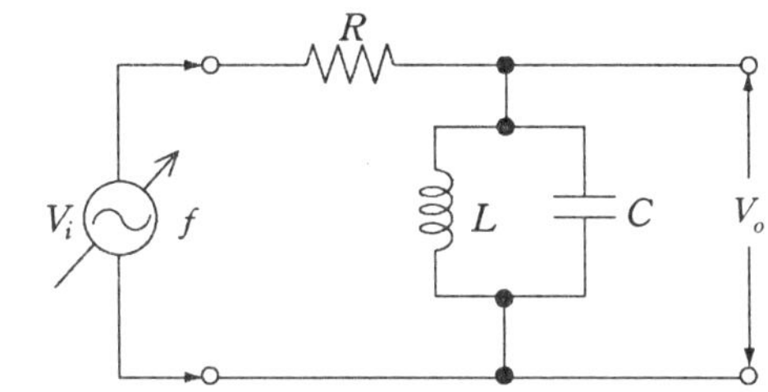

[그림 10-17] $R-L-C$ 병렬공진 대역통과필터회로

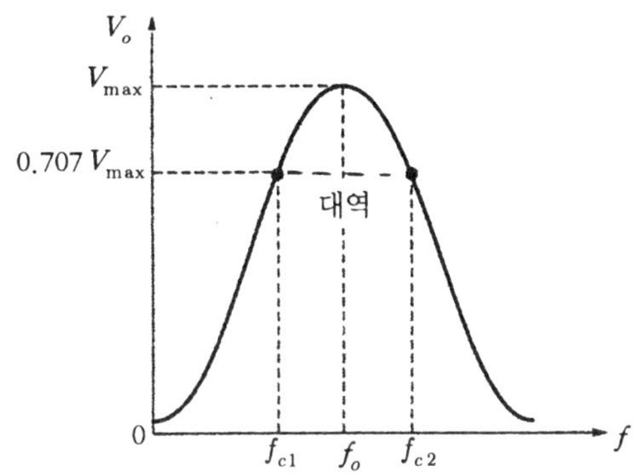

[그림 10-18] 대역통과필터 진폭응답곡선

(4) 대역저지필터(BSF)

대역저지필터(Band Stop Filter ; BSF)는 중간 범위의 주파수 신호는 잘 통과시키지 않으나 이보다 낮거나 높은 주파수를 잘 통과시키는 필터로서 대역저지필터 회로는 [그림 10-19, 20]에 대역저지필터 진폭응답곡선은 [그림 10-21]에 나타내었다.

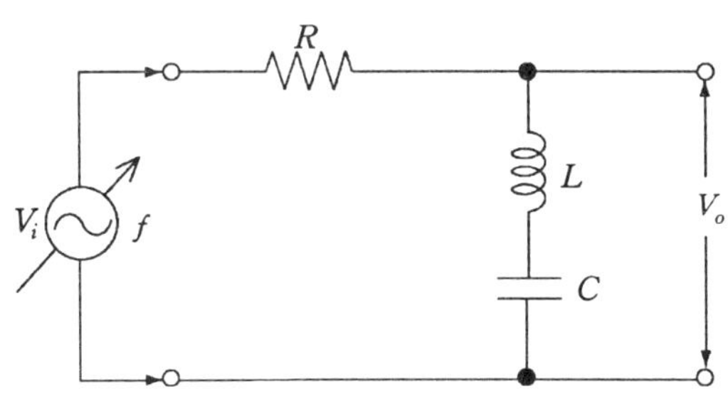

[그림 10-19] $R-L-C$ 직렬공진 대역저지필터회로

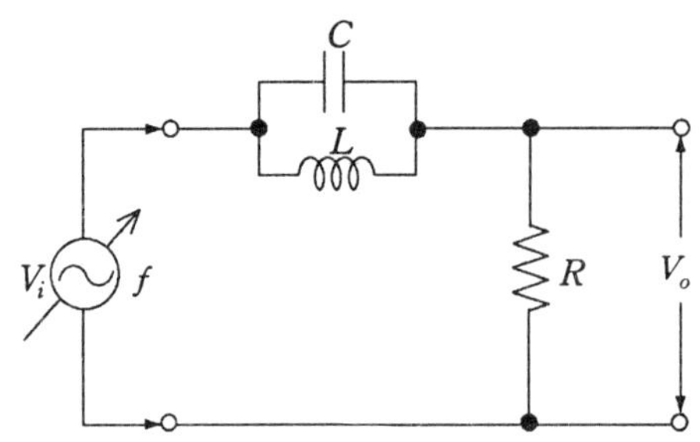

[그림 10-20] $R-L-C$ 병렬공진 대역저지필터회로

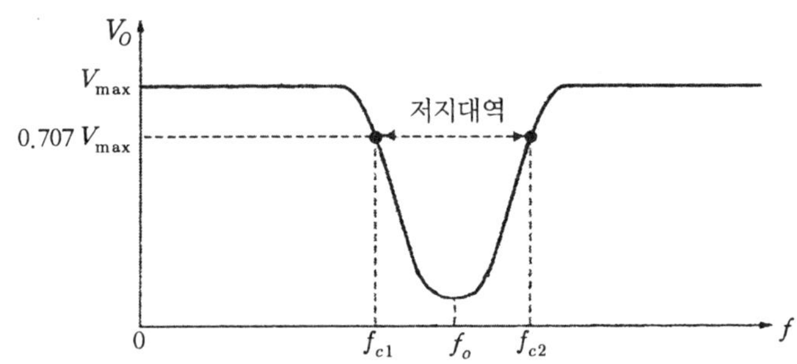

[그림 10-21] 대역저지필터 진폭응답곡선

10-7 | 미분과 적분회로

(1) 미분회로

미분회로(differential circuit)는 입력전압이 미분에 비례하는 출력을 발생시키는 동작을 하는 회로로서 구형파펄스의 검출이나, 램프입력으로부터 구형파출력을 발생시키기 위해서 사용된다.

[그림 10-22]와 같은 미분회로는 출력파형 $v_R = v_o$가 입력파형 v_i을 미분한 형태로 응답하는 회로이며, 미분회로의 조건은 v_c가 v_R보다 매우 커야 한다. 그러므로

$$v_{i(t)} \cong v_{c(t)} \tag{10-9}$$

$$i(t) = C\frac{v_c(t)}{dt} \tag{10-10}$$

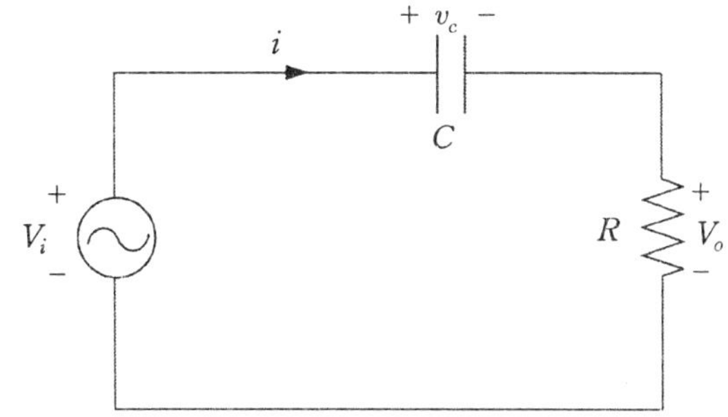

[그림 10-22] 미분회로

회로에 흐르는 전류 i일 때 출력전압 v_o는

$$v_o(t) = v_R(t) = Ri(t) = RC\frac{dv_c(t)}{dt} \cong RC\frac{dv_i(t)}{dt} \qquad (10-11)$$

위의 식으로부터 출력전압은 입력전압의 미분에 비례함을 알 수 있으며, 비례정수는 RC이다.

따라서, 미분회로에 입력신호 $v_i = V_m \sin\omega t$를 인가하였을 때 출력전압 v_o는

$$v_o(t) = v_R(t) \cong RC\frac{dv_i(t)}{dt} = RC\ V_m\,\omega\cos\omega t \qquad (10-12)$$

위 식으로부터 출력파형은 [그림 10-23]과 같으며, 출력파형이 입력파형보다 위상이 앞서므로 미분회로를 위상선행회로라고도 한다.

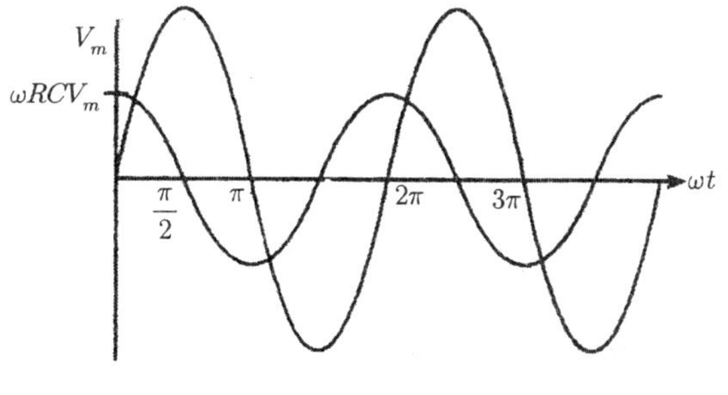

[그림 10-23] 미분회로의 정현파

(2) 적분회로

적분회로(integral circuit)는 입력전압의 적분에 비례하는 출력을 발생시키는 동작을 하는 회로로서 일정한 입력전압을 사용해서 램프 출력전압을 발생시키기 위해서 사용된다.

[그림 10-24]와 같은 적분회로는 v_i를 적분한 형태로 출력파형 $v_R = v_o$가 응답하는 회로이며, 적분회로의 조건은 미분회로와 반대로 v_R이 v_c보다 대단히 커야 한다. 그러므로

$$v_i(t) \cong v_R(t)$$

$$i(t) = \frac{v_R(t)}{R} = \frac{v_i(t)}{R} \qquad (10\text{–}13)$$

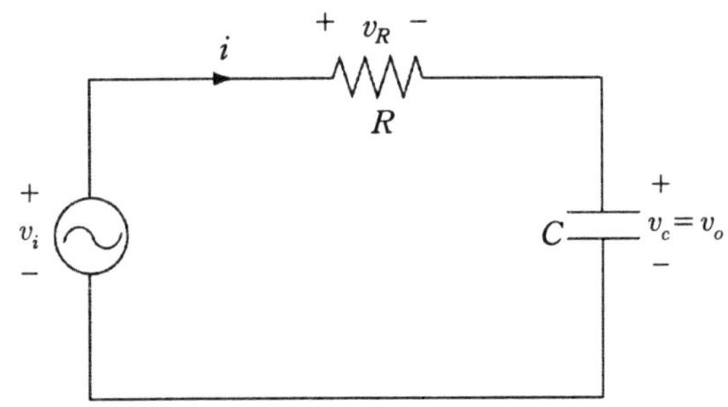

[그림 10-24] 적분회로

위의 식을 이용하여 출력파형 v_o을 구하면

$$v_o(t) = v_o(t) = \frac{1}{C}\int i(t)dt = \frac{1}{C}\int \frac{v_R(t)}{R}dt \cong \frac{1}{RC}\int vi(t)dt \quad (10\text{–}14)$$

이 되므로 식으로부터 출력전압은 입력전압의 적분에 비례함을 알 수 있으며 비례정수 RC의 역수이다.

따라서 적분회로에 입력신호 $v_i = V_m \sin\omega t$를 인가하였을 때 출력전압 v_o는

$$v_o(t) = v_o(t) = \frac{1}{RC}\int v_i(t)dt = -\frac{V_m}{\omega RC}\cos\omega t \qquad (10\text{–}15)$$

위 식으로부터 출력파형은 [그림 10-25]와 같으며, 출력파형이 입력파형보다 위상이 앞서므로 적분회로를 위상지연회로라고도 한다.

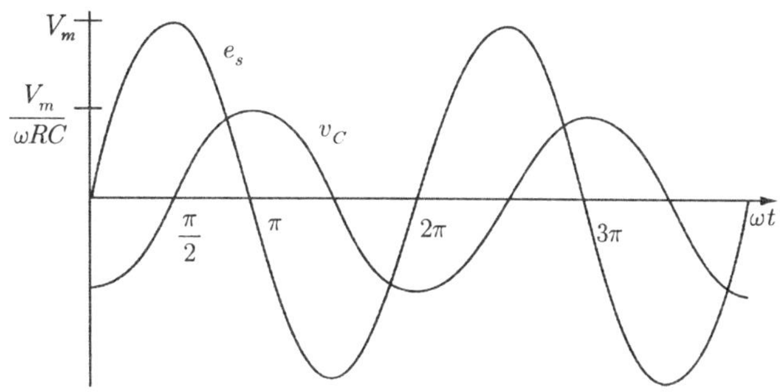

[그림 10-25] 적분회로에서 정현파

예제 10-6 [그림 10-26] (a)의 구형파주기보다 훨씬 작은 시정수를 가진 미적분회로에 구형파 e_s를 인가했을 때 미분회로의 출력 v_R과 적분회로의 출력 v_c의 출력파형을 그려라.

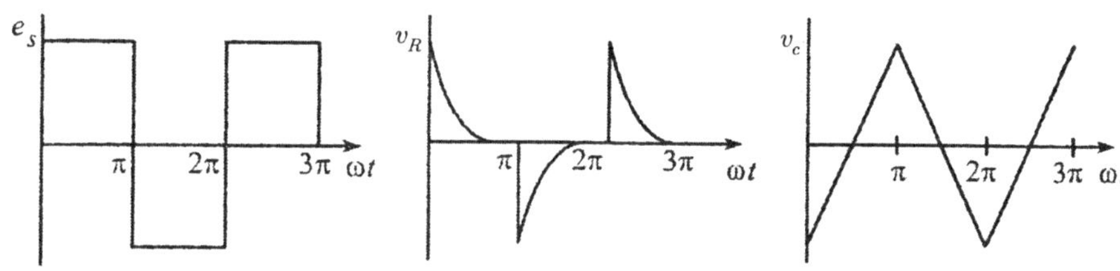

(a) e_s의 파형　　(b) v_R의 파형　　(c) v_c의 파형

[그림 10-26]

풀이 입력전압 e_s를 푸리에 급수로 나타내면

$$e_s(t) = \frac{4E_m}{(2\pi-1)\pi}\sin(2n-1)\omega_o t \qquad (\omega_o = 2\pi/T)$$

미분회로의 출력 $v_o(t)$는

$$v_o(t) = v_R(t) \cong RC\frac{de_s(t)}{dt} = \frac{4RCE_m}{\pi}\cos(2n-1)\omega_o t$$

가 되므로 출력파형은 그림 (b)가 된다.

적분회로의 출력 $v_o(t)$는

$$v_o(t) = v_c(t) \cong \frac{1}{RC}\int e_s(t)dt = -\frac{4E_m}{RC(2n-1)^2\pi^2}\cos(2n-1)\omega_o t$$

가 되므로 출력파형은 그림 (c)와 같다.

실험 10-1 $R-L-C$ 직렬공진

목 적

$R-L-C$ 직렬회로에서 일반적 특성과 공진특성을 실험을 통하여 확인한다.

예비과제

1. $R=2[\Omega]$, $L=3[\text{mH}]$, $C=0.01[\mu\text{F}]$를 직렬로 연결하였을 때 공진주파수와 Q를 구하여라.
2. $R-L-C$ 직렬공진회로에 접속한 전원주파수가 0에서 ∞까지 변화할 때 임피던스 Z의 공진곡선을 그려라.
3. 직렬공진의 특성을 설명하여라.
4. 〈표 10-1〉의 계산값을 구하고 기입하여라.

준비물

회로시험기, 저주파발진기, 오실로스코프, 브레드보드

저항(200Ω), 코일(30mH), 콘덴서(0.1μF)

실 험

1. [그림 10-27]과 같은 $R-L-C$ 직렬회로를 브레드보드에 구성하고, 저주파발진기의 출력전압을 최대로 하고 v_R이 최대 v_X가 최소가 되는 지점에 저주파발진기의 출력주파수를 조정한다. 이때의 주파수를 〈표 10-1〉의 공진주파수 f_o에 기입하여라. 저항 200[Ω]은 코일과 콘덴서의 순수저항으로 가정한다.

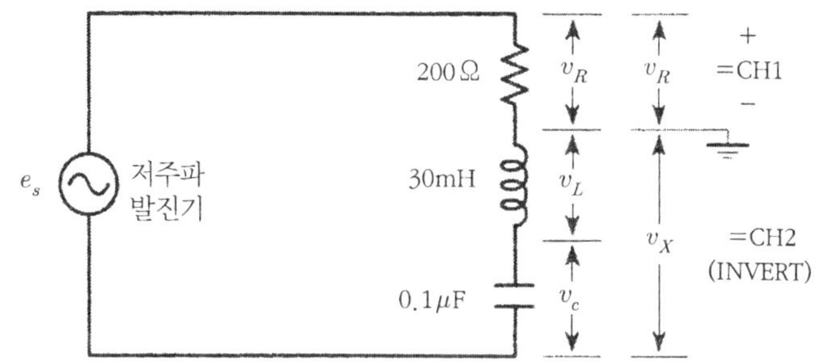

[그림 10-27] R–L–C 직렬공진회로

2. [그림 10-27]에서 저주파발진기의 출력주파수는 공진주파수에 고정시키고, 출력전압을 2[V_{pp}]로 조정한 후 v_R, v_L, v_c 및 e_s와 v_R의 위상차 θ를 측정하여 〈표 10-1〉에 기입하여라.
3. [그림 10-27]에서 저주파발진기의 주파수를 조정하여 $v_R = v_X$가 되는 주파수 2개의 지점을 찾은 후 저주파발진기의 출력전압을 2[V_{pp}]로 조정하고 f_1, f_2, v_R, v_L, v_c 및 e_s와 v_R의 위상 θ를 측정하여 〈표 10-1〉에 기입하여라.

실험결과 보고서

학과(전공)		학번		성명	
공동실험자				일자	20 년 월 일

1. 제목 : $R-L-C$ 직렬공진
2. 회로도

3. 실험결과

〈표 10-1〉 $R-L-C$ 직렬공진회로 측정

구 분	차단주파수(f_1)		공진주파수(f_0)		차단주파수(f_2)	
	계산값	측정값	계산값	측정값	계산값	측정값
f(kHz)						
$v_R(\mathrm{V_{pp}})$						
$v_L(\mathrm{V_{pp}})$						
$v_c(\mathrm{V_{pp}})$						
$v_X(\mathrm{V_{pp}})$						
θ(e_s와 v_R의 위상차)						

4. 실험결과에 대한 의견 및 배운 점

실험 10-2 $R-L-C$ 병렬공진

목 적

$R-L-C$ 병렬회로에서 일반적 특성과 공진특성을 실험을 통하여 확인한다.

예비과제

1. $R=100[\text{k}\Omega]$, $L=10[\text{mH}]$, $C=0.01[\mu\text{F}]$를 병렬로 연결하였을 때 공진주파수와 Q를 구하여라.
2. $R-L-C$ 병렬공진에 인가주파수가 0에서 무한대까지 변화할 때 임피던스의 공진곡선을 그려라.
3. 병렬공진의 특성을 설명하여라.
4. 〈표 10-2〉의 계산값을 구하고 기입하여라.

준비물

회로시험기, 저주파발진기, 오실로스코프, 브레드보드
저항(1kΩ), 코일(30mH), 콘덴서(0.1μF)

실 험

1. [그림 10-28]과 같은 $R-L-C$ 병렬회로를 브레드보드에 구성하고, 저주파발진기의 출력전압을 최대로 하고 전류 I_X가 최소로 되는 지점에 저주파발진기의 출력주파수를 조정한다. 이때의 주파수를 〈표 10-2〉의 공진주파수 f_0에 기입하여라. 저항 1[kΩ]은 코일과 콘덴서의 순수저항으로 가정한다.
2. [그림 10-28]에서 저주파발진기의 출력주파수는 공진주파수에 고정시키고, 출력전압을 $2[\text{V}_{pp}]$로 맞춘 후 I, I_R, I_L, I_C[mA]를 측정하여 〈표 10-2〉에 기입하여라.

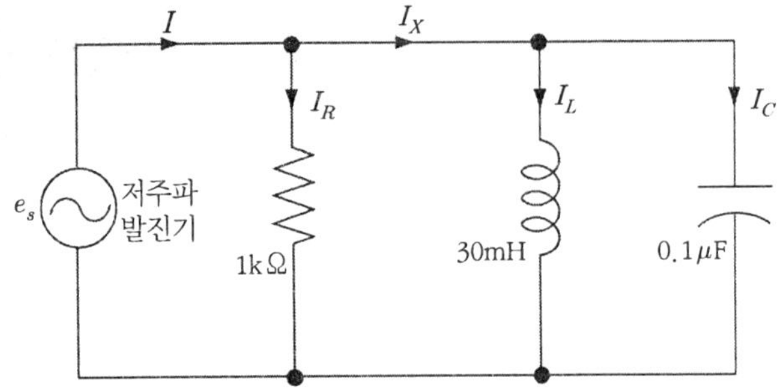

[그림 10-28] $R-L-C$ **병렬공진회로**

3. [그림 10-28]에서 저주파발진기의 주파수를 조정하여 $I_R = I_X$가 되는 주파수 2개의 지점을 찾은 후 저주파발진기의 출력전압을 2[V_{pp}]로 조정하고 f_1, f_2, 및 I, I_R, I_L, I_C를 측정하여 〈표 10-2〉에 기입하여라.

실험결과 보고서

학과(전공)		학번		성명	
공동실험자				일자	20 년 월 일

1. 제목 : $R-L-C$ 병렬공진
2. 회로도

3. 실험결과

〈표 10-2〉 $R-L-C$ 병렬공진회로 측정

구 분	차단주파수(f_1)		공진주파수(f_0)		차단주파수(f_2)	
	계산값	측정값	계산값	측정값	계산값	측정값
f(kHz)						
I(mA)						
I_R(mA)						
I_L(mA)						
I_c(mA)						
I_X(mA)						

4. 실험결과에 대한 의견 및 배운 점

실험 10-3 저역통과회로와 적분회로

목 적

저역통과필터와 적분회로의 특성을 이해하고 실험을 통하여 확인한다.

예비과제

1. 필터를 주파수 특성에 따라 분류하고 그 특징을 설명하여라.
2. R=1[kΩ], C=0.01[μF]으로 구성된 $R-C$ LPF의 차단주파수를 구하여라.
3. R=1[kΩ], C=0.01[μF]를 직렬로 접속하고, 최대값 5[V] 출력주파수 10[Hz]인 저주파발진기에 연결할 때 C 양단의 전압을 구하여라.
4. 저역통과필터의 적분회로의 관계를 설명하여라.
5. 〈표 10-3〉의 계산값을 구하고 기입하여라.

준비물

회로시험기, 저주파발진기, 오실로스코프, 브레드보드
저항(1kΩ), 콘덴서(1μF)

실 험

1. [그림 10-29]와 같은 $R-C$ 직렬회로를 브레드보드에 구성하고, 저주파발진기의 정현파 최대전압 5[V]로 맞추고, 출력주파수를 〈표 10-3〉와 같이 점차 높여갈 때 출력전압 v_o을 측정하여 〈표 10-3〉에 기입하여라.
2. 출력이 최대값 5[V]의 0.7배인 3.5[V]일 때의 주파수(f_c)를 찾아서 〈표 10-3〉에 기입하여라.

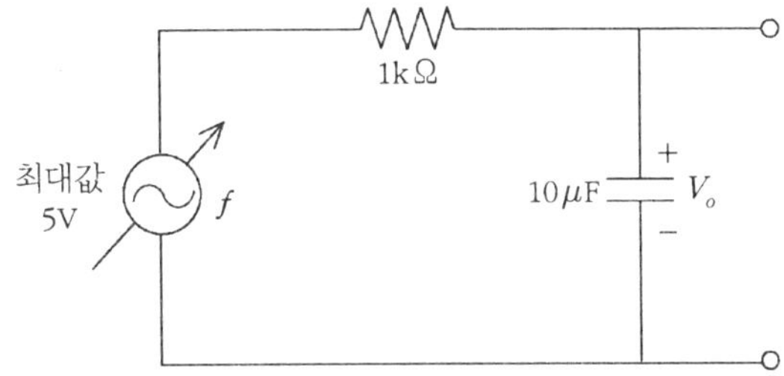

[그림 10-29] 저역통과필터

3. [그림 10-28]의 저역통과필터에서 저주파발진기의 파형을 구형파로 바꾸고, [그림 10-29]와 같이 구형파의 주파수를 점차 높은 주파수를 변화시킬 때 출력파형을 [그림 10-30]에 그려라.

실험결과 보고서

학과(전공)		학번		성명	
공동실험자				일자	20 년 월 일

1. 제목 : 저역통과회로와 적분회로
2. 회로도

3. 실험결과

〈표 10-3〉 LPF의 측정결과

입력주파수(Hz)		10	20	50	100	( )	200	500	1000
출력 전압 (V)	계산값(V)					3.5V			
	측정값(V)								

주파수	출력파형	주파수	출력파형
20(Hz)	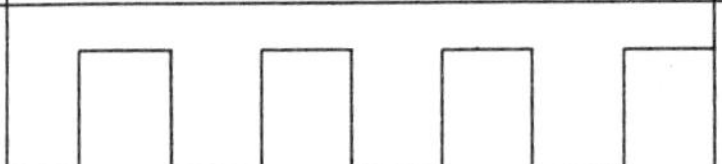	50(Hz)	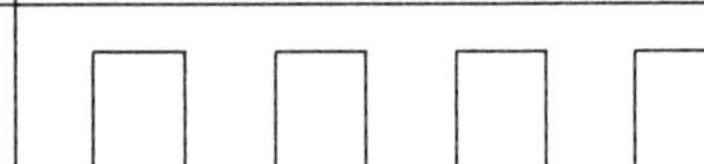
160(Hz)	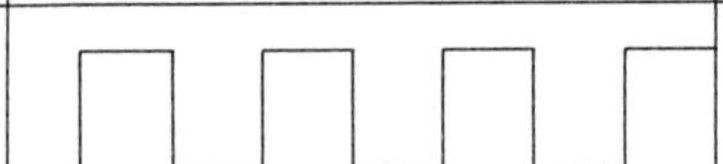	500(Hz)	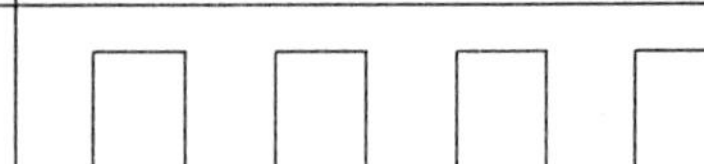

[그림 10-30] 적분회로의 입출력 파형

4. 실험결과에 대한 의견 및 배운 점

실험 10-4 고역통과필터와 미분회로

목 적

고역통과필터와 미분회로의 특성을 이해하고 실험을 통하여 확인한다.

예비과제

1. R=20[kΩ], C=1200[μF]으로 구성된 $R-C$ HPF의 차단주파수를 구하여라.
2. C=1[μF], R=1[kΩ]를 직렬로 접속하고, 최대값 5[V], 출력주파수 10[Hz]인 저주파발진기에 연결할 때 R양단의 전압을 구하여라.
3. 고역통과필터와 미분회로의 관계를 설명하여라.
4. 〈표 10-4〉의 계산값을 구하고 기입하여라.

준비물

회로시험기, 저주파발진기, 오실로스코프, 브레드보드
저항(1kΩ), 콘덴서(1μF)

실 험

1. [그림 10-31]과 같은 $C-R$ 직렬회로를 브레드보드에 구성하고, 저주파발진기의 정현파 최대전압 5[V]로 맞추고, 출력주파수를 〈표 10-4〉와 같이 점차 높여갈 때 출력전압 V_o을 측정하여 〈표 10-4〉에 기입하여라.
2. 출력이 최대값 5[V]의 0.7배인 3.5[V]일 때의 주파수(f_c)를 찾아서 〈표 10-4〉에 기입하여라.

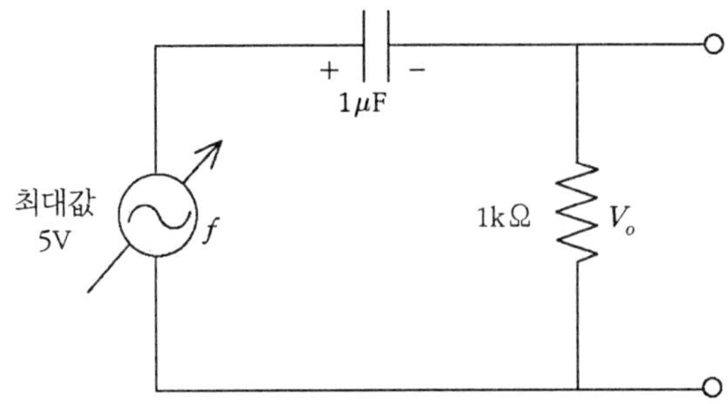

[그림 10-31] 고역통과필터

3. [그림 10-31]의 고역통과필터에서 저주파발진기의 파형을 구형파로 바꾸고, [그림 10-32]와 같이 구형파의 주파수를 점차 높은 주파수로 변화시킬 때 출력파형을 [그림 10-32]에 그려라.

실험결과 보고서

학과(전공)		학번		성명	
공동실험자				일자	20 년 월 일

1. 제목 : 고역통과필터와 미분회로
2. 회로도

3. 실험결과

〈표 10-4〉 HPF의 측정결과

입력주파수(Hz)		10	20	50	100	( )	200	500	1000
출력 전압 (V)	계산값(V)					3.5V			
	측정값(V)								

주파수	출력파형	주파수	출력파형
20(Hz)	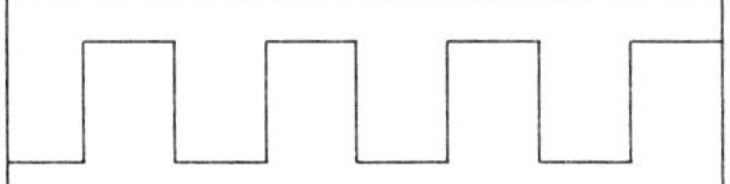	50(Hz)	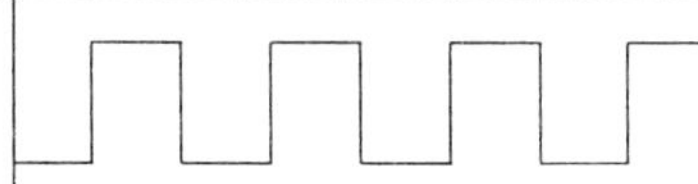
160(Hz)	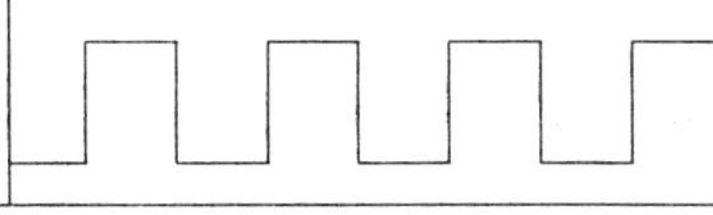	500(Hz)	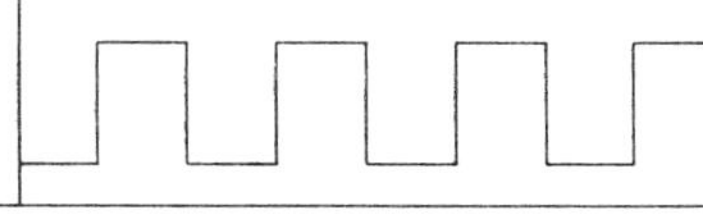

[그림 10-32] 미분회로의 입출력 파형

4. 실험결과에 대한 의견 및 배운 점

기초전자실험

2022년 2월 25일 1판 4쇄 발행

저 자 이 수 일
발행인 남 승 우

발행처 도서출판 상尙 학學 당堂

서울특별시 동작구 사당로9가길 6
TEL : 02) 595-1692 ~ 4
FAX : 02) 595-1394
E-mail : namdoo6@unitel.co.kr

신고 : 2-155호 (1968. 11. 29)

정가 18,000원

ISBN 978-89-93383-21-8 93560